里山公園と
「市民の森」づくりの物語

―よこはま舞岡公園と新治での実践―

浅羽良和

はる書房

はしがき

「横浜駅東口—日本丸マリタイムミュージアム—港の見える丘公園—三溪園《さんけいえん》—ベイブリッジ—山下公園—赤レンガ倉庫—横浜駅東口」

これは横浜市営バス定期遊覧の午後コースです。一日コースにある中華街・港のシーバス乗船・ランドマークタワーを加えたこれらが、現代横浜の代表的観光地なのでしょう。

このコースには都市公園と港湾緑地がふたつずつ含まれています。三溪園も公園に準じたものといえますから、定期遊覧は公園緑地めぐりと言えないこともありません。でもこのコースは、人々が横浜らしいところとしてイメージしている「ミナト」の名所を結んでつくったものです。

山下公園や港の見える丘公園は有名で、いかにも横浜らしい公園ですが、郊外部でつくられている特色ある公園や、市街地に残した森のことについては、あまり知られていないのではないでしょうか。

横浜は今日、人口三五〇万を超えたわが国第二の大都市であり、独創的な街づくりの好例ともいわれていますが、その成長過程では、たびたび大きな苦難に直面してきました。関東大震災にはじまり、横浜大空襲を頂点とする戦禍とそれにつづく長期・大規模な中心市街地の接収が、街づくりをとても困難なものにしてきました。近年では、爆発的な人口増加により、急速に市街地化が進み、それまで市域の大半を占めていた山林農地が失われました。

都市基盤の整備は遅れ、公園整備率は政令指定都市中ひさしく最下位にありました。

こうした状況に直面したからこそ、横浜市は一〇〇名を超える造園職を集積して精力的に都市公園づくりを展開し、農業職もまた「農業専用地区」はじめ多くの独自制度を編みだし、全国に例のない「市民の森」を創造してきたのです。

横浜市内に多くの環境保全にかかわる市民グループがあるのも、みどりに対する市民の危機意識のあらわれでしょう。

横浜では、こうした市民グループと行政との二人三脚によるみどり保全の取り組みがたくさん試みられています。

観光コースの「ミナト」緑地めぐりを終わったら、その次は一歩市内の奥に踏み込んで、

「もう一つの横浜らしさ」に接してみませんか。

その典型のひとつが戸塚区の舞岡公園です。市役所の現場担当者だったから語れる、市民と一緒につくった里山公園の話を、まずお読みください。

目次

第三部　新治市民の森ものがたり

第一部——舞岡公園ものがたり

■生き物たちとの共存

一章　市民とつくった里山公園

「舞岡公園」は、これまでの公園にみられない大きな特徴をふたつ持っている。

ひとつは、この公園が日本のかつての田舎の風景を残し、市民に広く田園体験の場を提供していることである。

公園計画が始まったのは、私がこの公園にかかわるずっと前の一九七三（昭和四八）年で、そのころ、このユニークな構想を知り、正直驚かされた。私が大学で学んできた都市公園の計画論のなかに、こんなのはなかったからである。それだけに、私自身がこういう新しい形の公園づくりにたずさわれるようになったとき、大きな張り合いと幸せを感じたものであった。

私がこの公園づくりにかかわったのは一九八六（昭和六一）年からほぼ一〇年間である。担当したてのころ、他都市の前例があれば参考にしたいと思い、農業公園などを見にいったのだが、田舎の風景をそっくり残した都市公園など、どこにも見いだすことはできなかった。

もうひとつの特徴は、「市民との合作」という点である。

いま、公園づくりにおける「市民参加」には、さまざまなケースがみられるが、「舞岡公園」は計画の早い段階から、市民が行政とならんで建設の一翼をになうとともに、開園後の運営の中心となっており、まさに両者の合作というにふさわしい。市民とのパートナーシップによる公園づくりとその運営である。

現代における横浜の公園づくりを代表するものとして「舞岡公園」を最初に紹介するのは、このふたつの特徴があるからである。

一―一　いまもつづく全国からの視察

舞岡公園は横浜駅から南西へ直線距離にして一〇キロメートル、ＪＲ戸塚駅から東方へ歩けば三〇分ほどのところにある。敷地の大部分は戸塚区で、港南区の南端部を含み、栄区とも接している。周辺が開発しつくされたなかで、公園を含む舞岡町の一帯だけが市街地の海に浮かぶみどりの島のようにみえる。三〇ヘクタールの都市公園というのに、運動施設や遊具がひとつもなく、土の道に田んぼと雑木林・茅葺き屋根の農家といった、昔ながらの田園風景が拡がっているばかりである。

しかも、田園体験区域と呼ぶ公園中心部の日常管理は、先に述べたとおり純然たる市民組織の手によっておこなわれている。

開園以来、今日にいたるも各地からの視察がつづき、事務所への問い合わせも多い。横浜にはほかに秀でた公園が多々ある。動物園・国際競技場……等々、そうしたところへの視察は、特殊・先進工法とか、施設規模の大きさとかが対象になる。

だが舞岡の場合は、そうではない。

「なぜこんな町中に田舎の景色を残せたのか?」

「こんなに市民参加がうまくいってるのは、なぜ?」

これが、わざわざ舞岡を訪れる人々が一様に発する問いである。

なだらかな丘陵地帯の雑木林やササ山の間に畑が点在し、谷戸《やと》には水田が入りくんでいるといったこの地の風景は、かつての横浜内陸部のどこにも見られていた。それがいまでは、ほぼ姿を消し、住宅地などに変わってしまった。

大都市横浜で、それも都市公園のなかに、かつての田舎の風景を残すことが、どのようにして可能になったのか。以下、そのお話をはじめたい。

一—二 発端は「宅地開発の防波堤」

この地に公園が考えられた背景を少したどってみよう。

横浜市では、まとまった緑のかたまりが中心部を大きく取りかこむように七か所散在し、これを「緑の七大拠点」と呼んでいる。横浜市は今日、この七つにそれぞれの手法によって保全策を講じているが、保全の手立てがなされる前の一九七五（昭和五〇）年ごろ、そのうちのひとつ「舞岡・野庭《のば》地区」には都市化の圧力が特別高まってきていた。洋光台・港南台・野庭団地と、大きな開発が西へと進み、舞岡地区にせまっていたのである。この地区は七〇年の線引きで市街化調整区域に指定されてはいたが、鉄道駅にも近く、区域内の山林・農地のかなりの部分がすでに大手デベロッパーの手に渡っていて、一気に開発されてしまう恐れがあった。

拠点緑地の位置図でわかるとおり、もしここが開発されてしまえば、市域をかこむみどりの環の一角が断ち切られてしまう事態となる。緊急にここを保全する必要にせまられていた。

七三年につくられた市の総合計画では、ここに横浜市西部方面の拠点となる公園のひとつとして「戸塚市民公園」を置くことにしていた。この計画の具体化にあたり当時のスタッフは、公園だけではなく調整区域三六〇ヘクタール全体のみどりの保全対策を考え、農業・山林保全・都市公園、三つの手法を合わせて検討することとした。

その結果、造園職・農業職を含めたプロジェクトチームにより、七五年には「舞岡・野庭グリーンプラン」ができあがった。プランでは、この調整区域全体が農業を積極的に推進していく地区、山林の保全を主体にした地区、大規模公園を置くレクリエーション地区、の三つにゾーニングされていた。

この手法は後につくられた「緑のマスタープラン」にも取り入れられ、この地区での試みが全市を対象としたプランづくりの先駆けとなった。

ここで「緑のマスタープラン」について少し説明しよう。これは七七（昭和五二）年の建設省通達により、各自治体が課題として取り組んだものだが、横浜市ではこれより前から独自の作業に入っていたので、完成は早かった。

横浜市のプランの特色は、「緑の保全」「公園の整備」「緑の創造」という三つの柱を組み合わせてみどりを確保し、合わせて、都市の生産空間であるとともにみどりの環境をつくる重要な要素ともなる「農地」の保全も計画に含めていることである。したがって、郊外部や市街化調整区域においては、山林・農地を保全の軸とした計画になっている。

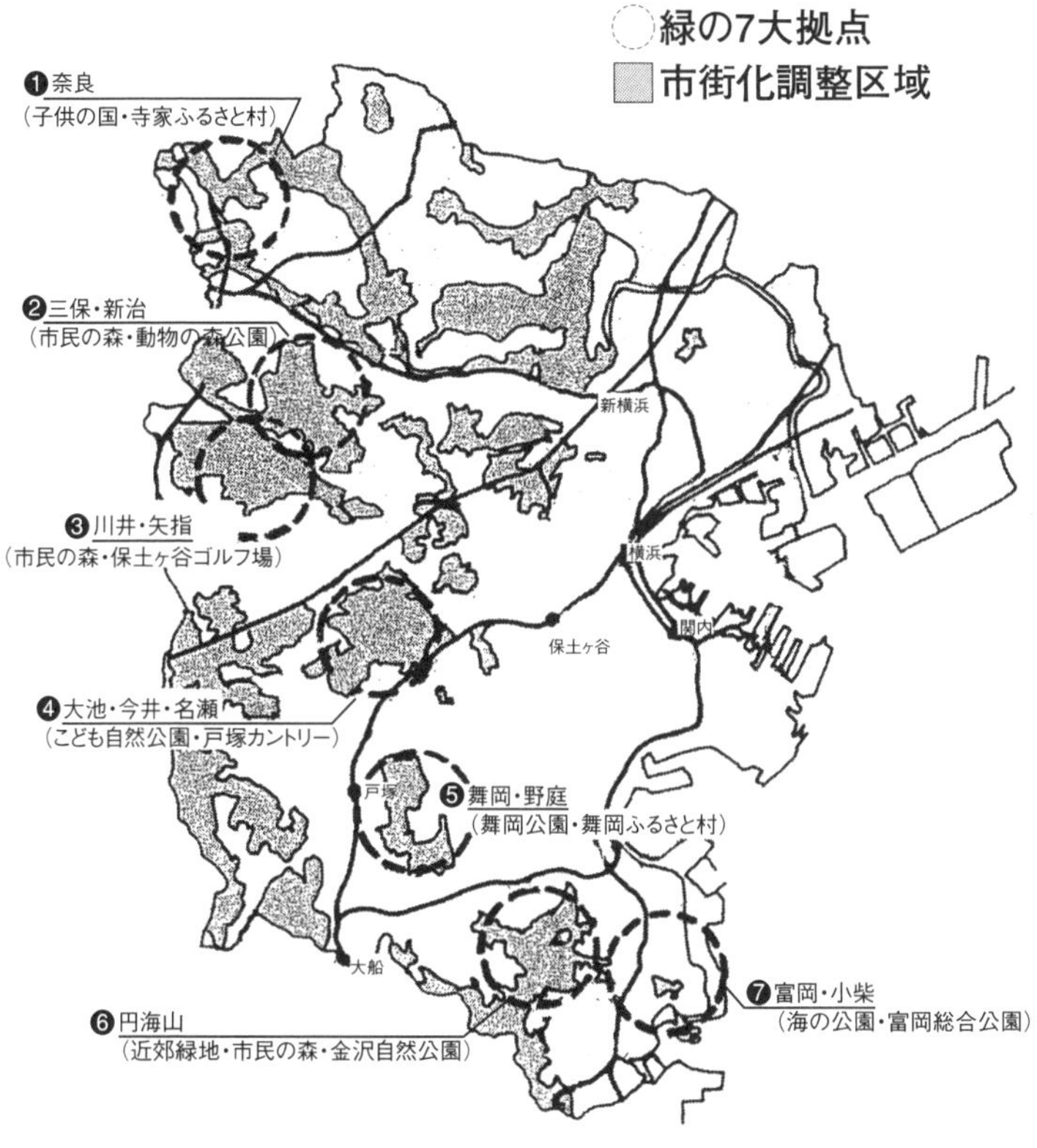

■こまやかな線引きで市域の25パーセントが調整区域に

横浜市の山林は、大部分が農家所有の民有林であることから、山林を保全するということを、農業振興・農家の育成と一体のものとしてとらえたわけである。全国に先駆けて「市民の森」制度を早い時期に設定したのも、この特徴に着目した農政担当者の先見性を示すものといってよい。

「舞岡・野庭《のば》地区」にあっては、農業施策が公園に先立っておこなわれた。農業振興地域農用地区域の指定・農業専用地区の指定である。野庭地区が七五年、舞岡地区が七九年、これによりこの地は、農業地区として確立され、のちに第一号の「寺家《じけ》ふるさと村」につづく「舞岡ふるさと村」指定へと発展する。

このように、農業・山林保全を一体的に計画された背景は、この地区に置かれる公園の性格づけをきめる大きな要因になった。

一―三　「郷土色豊かな公園」を理念に掲げて

「戸塚市民公園」整備計画は、将来目標一〇〇ヘクタール、当面六〇ヘクタールという規模の構想であった。ところがそこへ、明治学院大学がキャンパスを構想区域の一画に進出させる計画が持ち上がった。

一九七九（昭和五四）年四月、これを報じた朝日新聞が「市は歓迎の意向」と伝えると、それに対して地元の舞岡台自治会が立ち上がった。

「市は昭和五二年から五六年までの五か年計画で戸塚市民公園を整備するといいながらその予算をつけず、逆に計画になかった大学進出には地元への説明もなく歓迎するという。公園計画を具体化しないまま明治学院大の移転を認めれば、山林を買い占めている大手不動産会社により、なしくずしに開発が進み、自然の山々がなくなってしまうことを恐れる」

そして住民多数の署名を集めて八月には市へ陳情書を提出した。

「大学移転を認める前に公園計画を明らかにしてください」

「戸塚市民公園整備に早く着手してください」

だが、都市計画決定の前のことであり、結果的には敷地約二〇ヘクタールは明治学院大の校地となってしまった。

このあと、地元説明など計画作業が熱心に進められ、戸塚市民公園が「舞岡公園」と名を変えて都市計画決定されたのは八一年二月のことである。一期区域一八・九ヘクタールの広さであった。

「緑のマスタープラン」では「長期一〇〇ヘクタールの大規模公園」とされながら、都市計画決定では面積要件から「総合公園」となったが、大規模・広域公園という位置づけが今も生きていることは、市の公園分類表をみてもわかる。

公園の性格づけについては、周辺農地・山林と一体化して地区全体の緑の保全を計画した経緯からしても、農業文化に特徴づけられた公園とすることが、もっともふさわしいとの考え方がかたまっていった。丘を削って谷を埋める宅地開発の大波に抗して守ったかけがえのない拠点緑地である。そこに唯一残されている谷戸を生かした公園に、という考えは自然な流れでもあったろう。

従来はこの規模の公園のつくり方は、単に自然型や運動型として決められたのだが、そうではなくて、ふたつの農専地区にかこまれたこの地の特色を生かして、市民が農作物生産のよろこびを味わったり、失われた少し前の時代の田園景観に浸れるような、郷土色豊かな公園にしようというものである。これは八四（昭和五九）年にまとめられた公園の基本計画図に結実している。

このように舞岡公園計画は、現代の都市住民の「土に親しみたい」という要求を先取りするかのような公園づくりの理念を掲げたのであったが、前例のない試みであっただけに、設計・建設の実際の場面に入ると多くの課題に直面したし、時に基本理念からの逸脱を生

舞岡公園一期区域基本計画

計画図の主な特徴
1 谷戸は田・畑・湿地と雑木林だけで構成している。特に水田が多い。
2 丘部についても、テニスコートなどの施設を一切設けていない。
3 活動拠点が3か所に分散している。

凡　例

記号	施設名	記号	施設名
A	中心施設	N	湿地
B	集いの広場	O	水田
C	案内広場	P	畑
D	多目的広場	Q	果樹園
E	ふるさとひろば	R	ヤマザクラ林
F	農家	S	雑木林
G	工作管理棟	T	竹林
H	原っぱ	U	ササ原
I	サクラ園地	V	ため池
J	炭焼場	W	耕作管理棟
K	観察所	X	WC
L	野鳥の森	Y	小広場
M	休憩舎	Z	駐車場

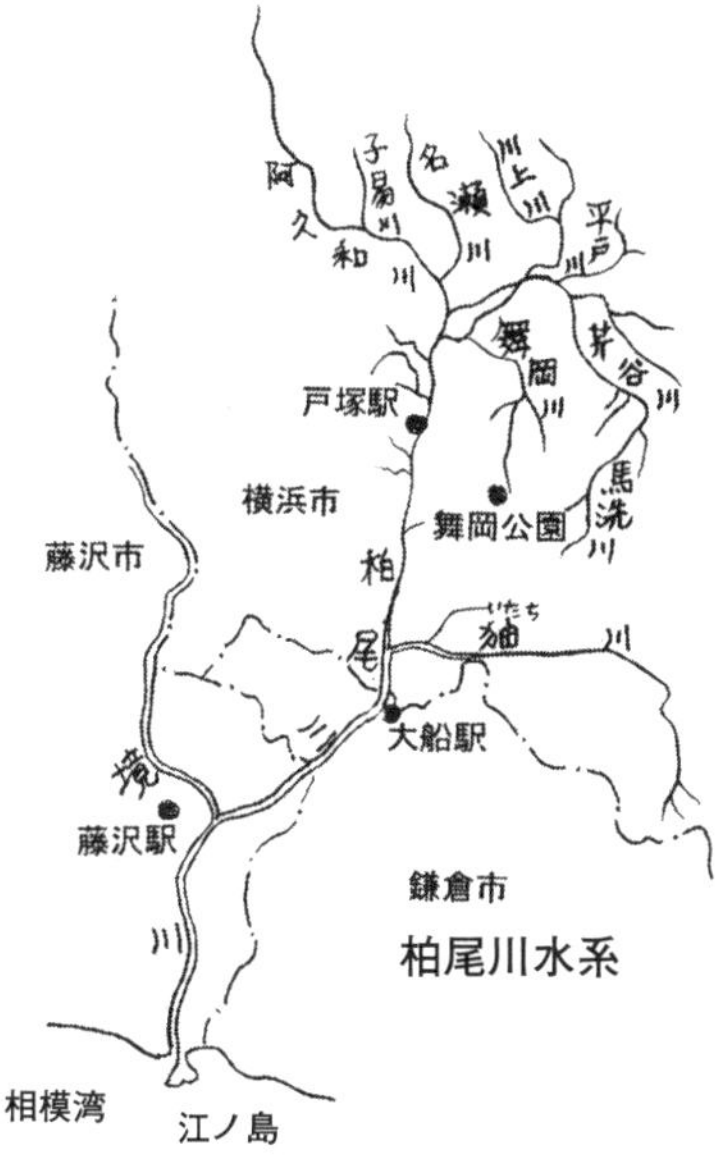

■上＝1984年策定の一期区域基本計画図
■左＝柏尾川水系

じることもあった。

それを乗りこえて、ともかく日本人の原風景を目の前にすることができる新しい公園に仕上げることができたのは、自ら汗と泥にまみれて働き、公園づくりの理念を支えた市民が存在していたからである。

一－四　舞岡谷戸を探し当てた青年

東海道・横須賀線の戸塚駅ホームからすぐ下に見えるのが柏尾川《かしお》である。流域の開発がすすんで、汚染が目についていたこの川でひとり川掃除にはげむ青年がいた。

彼は川を軸とした地域社会の再生といったことを考えていて、その対象に出身地である戸塚・柏尾川の流域を選んだのである。

大学を卒業して間もない彼は、仲間集めのためにミニコミ誌「かしおかわら版」を作り、それを本屋に持ちこむなど、若さにまかせて大胆に行動した。休日ごとに、柏尾川の源流を一つまた一つと訪ね歩くようになった。

柏尾川は藤沢駅東で境川に合流するが、その流域はほとんど横浜市域に属する。上流部が森のなかに、こんこんと湧く泉なんてことはまず期待できない。それでも彼は根気よく何か所もの支流をさかのぼりつづけた。だがやはり、どの支流の発生源も、あるいは住宅地の土管のなかに、あるいは道路脇の暗渠《あんきょ》の下に消えていたのである。

やがて、舞岡川をさかのぼる日がきた。

東海道線に沿うブリヂストン工場前の柏尾川との合流点からしばらく家並の間を流れる舞岡川は、すぐに開けた耕作地にかこまれる。両側に丘陵のみどりが濃く、屋敷林にかこまれた農家が点在してずっと上流につづいていく。期待感が膨らんだ。しかし、行く手に住宅地が現れたのを見て彼はガッカリした。

「ここもやはり、上流はドブ川に変ってしまうのか……」

ところが、その住宅地の脇をすり抜けて右折した流れになおもついていくと、水量を変えぬままの舞岡川は、人家の途絶えた谷戸の奥へと彼を導いたのである。そこが舞岡谷戸だった。

「ああ、ここは凄い。面白いところだなあ！」

柏尾川の源流探訪の末、舞岡谷戸を「発見」して感動の声をあげた青年の名を十文字修という。

興奮気味の若き十文字さんが歩いていくと、雑草を焼いている人がいた。

「あのう、すいません。なんでこれ焼いてるんですか？」

「ここは横浜市の公園予定地だから管理してるんです」

「なるほど、ここは公園予定地だったんですか……」

この年の前年（一九八三年）までに横浜市が買収を終えた公園敷地は、一期区域一八・九ヘクタールの六〇パーセントを超えている。

つまり、十文字さんがはじめて舞岡谷戸と出会ったとき、すでに市の公園計画はかなり進展していたということである。

帰りの道で、十文字さんの頭のなかには、公園にかかわるプランがさまざまに浮かんでいた。

一―五　「まいおか水と緑の会」の誕生

岩手の田舎のあふれる自然の懐で育った小柳徹子さんは、「そのすばらしい自然をわが子にも」という思いから、舞岡谷戸を子育てのフィールドにしていた。小柳さんは谷戸のすぐ隣、舞岡台住宅に住んでいたので足しげく通えたのである。

それは、十文字さんが柏尾川源流歩きの末に、舞岡谷戸を「発見」する五年以上前のことであった。

野菜を買いに行って近所の農家と顔見知りにもなった。

例の明治学院大キャンパス進出問題のとき、一九七九（昭和五四）年に、舞岡台自治会が呼びかけた「戸塚市民公園」早期実現の陳情書の署名にも参加した。この公園計画が進展して「舞岡公園」となり、後年、自分が運営の中心になろうとは夢にも思わずに。

その数年後に引っ越した小柳さんの近所に住んでいたのが、のちに「まいおか水と緑の会」代表となる村橋克彦さんであった。ほどなく二人は町内会の活動を通して知己となる。ひとのつながり方というのは面白いものである。八二年結成された「よこはまかわを考える会」の会員同士として、すでに知り合っていたのが村橋さんと十文字さん。だから水と緑を共通の関心事にもつこの三人が一堂に会するまでそう時間を要しなかった。

村橋・十文字両氏と小柳夫妻、この「最初の四人」のそれからの行動は精力的だった。八月と九月に戸塚地区センターで「舞岡谷戸展」をつづけて開いた。ガマやタイコウチの実物を展示し、舞岡谷戸を世に紹介したのである。

反響は大きかった。この直後、九月に「まいおか水と緑の会」（以下、「まいおかの会」と略す）の立ち上げをしたときには、参加者八〇名に及んでいたことからもそれがわかる。

結成一か月後にして「まいおかの会」は横浜市に対し、舞岡公園に関する要望書を提出した。迅速な動きである。要望は、谷戸景観を保全し、小動物の宝庫とすること、水田を保存し、市民や青少年の農業体験の場とすることなどを骨子としていた。

これは、「この地の特色を生かした、農体験もできる公園」という市の構想に一致する内容だったのである。

以後の一年間、「まいおかの会」は、援農の名での米づくり体験・公園予定地の掃除・植生調査などの活動を積みあげ急成長していく。

一―六　市民の試みが公園理念の支えに

市が用地を取得したからといって、整備前に市民団体に土地使用を許可するなどということは、通常の場合まずない。なんで公共の土地を特定の者に許可するのかと突っ込まれたら面倒だし、許可が既得権のようになって事業の障害になってしまったら困る、こういう警戒が先立って当たり前である。「まいおかの会」から一時使用の申し出を受けたときの市の当事者も、まずこんな受止め方をしたにちがいない。

だが一年後の一九八四（昭和五九）年一〇月、横浜市は、谷戸の水田跡地・山林部分二・五ヘクタールもの広さの使用を「まいおかの会」に許可した。

市が許可に踏みきる背景のひとつに、公益信託制度「富士フィルム・グリーンファンド（FGF）」のことがあったと思われる。

当時、富士フィルムでは、五〇周年記念事業として公益信託制度を創設し、そのパートナーとして、地元神奈川県下で活動する環境保全系の市民グループを探していた。その運営委員会で「まいおかの会」が選ばれたのは、この会の活動実績・水準の高さが認められたからである。

もうひとつは「まいおかの会」の活動姿勢である。「まいおかの会」は、谷戸を守れ・自然を守れと声高に叫ぶのでなくて、自分たちの手で荒れた水田や雑木林を再生していくほかない、という考え方に徹し、それを実践に移していた。

横浜市は、こうした会の活動姿勢が市の公園づくりの目指すところと一致し、市民による公園づくりの実践の積み重ねが将来の運営に役立てられる、と判断したわけである。

でもこのような判断は、誰もができるわけではない。かたくなな前例主義の担当者だったら、決してこのような結論は出さなかっただろう。舞岡公園の特異さ・その持つ重さを理解し、将来のために、いまどういう判断をすべきかを知っていた人々がこのときの担当にいたからこそ、使用許可は可能になったと言い切れる。許可取得を熱望していた「まいおかの会」の人々にとってばかりでなく、舞岡公園自体にとってこれは幸せなことであった。

公園予定地を舞台とした「まいおかの会」の活動は、それから八年間にわたってつづけられていく。田んぼの復元・稲づくり、苗木から始める雑木林づくりなどの地道な日常活動。これに春祭り・秋の収穫祭などのイベントが加わった。

思い切った多面的な活動の展開を、ＦＧＦの強力な資金提供が可能にした。メンバーが地元の理解を得るための独自の努力を重ねていたことも、会が社会的信頼を高めることにつながった。小学生や幼稚園児を含め多くの市民を引きつけながら、狭い仮小屋を拠点にしての八年の積み重ねが、公園公開後の運営の基盤になった。

市民による公園運営活動の前史ともいえる「まいおかの会」のこうした試みは、のちに公園開設と同時に発足した「舞岡公園を育む会」に引き継がれていくのである。

そして「まいおかの会」は、その活動で公園の運営に寄与しただけではない。重要なのは会の存在こそ、横浜市がこの特異な公園づくりを、当初の理念を貫いて事業展開するうえでの支えでありつづけたという点にある。

一—七　出会いの日を待つ

「まいおかの会」が公園予定地で活動し始めたころの私の仕事場は、ここと␊は離れた「三ツ沢公園」だった。十文字さんが個人で出していたミニコミ紙「かしおかわら版」や「まいおかの会」の機関紙「森から田んぼから」を目にしてこの会のことを知っていたが、三ツ沢の山の上にいる自分とは遠い存在で、むろん十文字さんたちとの面識もなかった。

私が舞岡にかかわったのは、このあと間もなく計画課へ移ってからである。

公園一期区域一八・九ヘクタールは一九八一（昭和五六）年二月に都市計画決定されていたが、当初の六〇ヘクタールの目標が大きく後退してしまい、せめて半分の三〇ヘクタールは達成しようというのが課題だった。二期計画、三〇ヘクタールまであと一一・一ヘクタール、これを八七年度中に都市計画決定に持ち込もうというのである。それが私の仕事となった。

公園づくりの各段階のなかで、計画作業ほど地道な努力・粘り強さを求められるものはない。計画区域と決めた土地の地権者をひとりずつ訪ねて説明し、公園化への承諾をもらうのがたいへんなのである。

「農村地帯」の舞岡の夜は本当に暗く淋しかった。店といったら駅前にコンビニが一軒あるきりである。訪ねていった相手が不在で待つとしても、身を置くところがない。通行人を装ってウロウロと舞岡台住宅のほうまで歩き回ったものだった。

「あんた方、公園に協力してくれっていうが、坪いくらで買ってくれんのかも言わんで返事しろっちゅうの?」

「ですからそれは、皆さんのご同意をいただけたら用地課のほうで鑑定評価に出して、適正な価格をご提示することになりますので」

「だったら公園に野球場と広場つくってくれるかい?　この辺じゃあ、なにか行事やるにも広場なくて不自由してんだ」

まさか、この公園の計画に野球場なんてありません、などと頭から言えはしない。「市民が農体験をする場として……」と説明しても、戦後に谷戸の奥まで開いた水田を国の減反政策で放棄させられ、使い道のなくなった雑木林の手入れをやめた農家の人たちの思いはまた別である。

「俺たちに協力しろっていうんなら、地元の声を聞けよ。あんなヤブ山残すより、広場が必要なんだよ」

「古くからここにお住まいの皆さんは、ここに残っているみどりの価値がわからないかもしれません。でもこの舞岡に残っている水とみどりは、横浜市全体から見てとても貴重なんですよ。それを保全した公園にできれば、ご先祖伝来の山は永遠に生かされるんです」

地価の話も、広場を作る約束もできない私たちは、こんなふうに熱っぽく説得するしかない。どうでもいいやという姿勢では、地権者の心を動かすことはできない。

「熱意と誠意」これが私たち担当グループが壁に貼りつけた合言葉である。

二期区域は、結果的に一一・七ヘクタールで都市計画決定した。一期と合わせると三〇・六ヘクタール。かろうじて目標の三〇ヘクタールを超えることができた。計画決定の告示は八八（昭和六三）年三月八日、目標期限もギリギリで、達成感を味わうことができて、私はとても嬉しかった。

仕事をする原動力は感動だ、と私は思っている。

私自身の目や肌でこの地のすばらしさを感じてからというもの、他に替えがたい舞岡のこの環境を永続させるための最初の仕事、公園の計画業務に直接かかわっていることに感動を覚えずにはいられなくなっていった。この感動が「三〇ヘクタールは決めた期限までに必ずやるんだ」という気概となって地権者を動かし、代替地要求とか地積《ちせき》の確定といった難問題を解決できたのだろうと思っている。

ところで、この時点でもまだ、私は「まいおかの会」の人々とは知り合えずにいて、平日の谷戸を訪れるたびに、彼らの拓いた水田とか作業小屋のたたずまいに、その活動の様子を偲ぶだけだった。

私は土地確保のために日夜没頭し、会の人たちは谷戸の保全と活用を模索して汗と泥にまみれ、ともに将来の公園づくりを目指して同じ土を踏んでいながら、ずっとすれ違いがつづいていたのだが、実は私は会の人たちとの出会いの日を心待ちにしていたのである。

一―八　「舞岡では本物体験だ！」

私と「まいおかの会」メンバーとの出会いはある日の夕方、突然に訪れた。場所は市役所、関内中央ビルの四階緑政局長室である。

だが、このときの顔合わせは、双方にとって好印象のものではなかった。なぜなら会の側は、前々から求めていた公園基本計画についての説明が延び延びになっていたのにしびれを切らし、一〇人ほどの中心メンバーが揃って役所にやってきたのだが、それに対して緑政局側は、「計画の話なら計画課で対応してよ」と他の部署は出ようとしなかったから、仕方なく計画の中村係長と私だけが、急に一〇人の前に座らされることになったからである。

定時を過ぎた局長室の応接コーナーには、村橋さんをはじめ初対面の一〇人がずらりと並んでいる。十文字さんもいた。小柳さんもいた。他に網谷譲二さん・富田和子さん・井上正明さん・増田和子さん……さすが、多彩な顔ぶれだなと思った。

壁に貼った図面で基本計画を説明したのだが、このあと会の面々から、私たちは総スカンをくう。

第一声が十文字さん。

「(図面にかいてある) ホタルの谷にホタルはいない。ちゃんと調査してつくった計画とは思えない」

「私たちは今までの活動と調査に立って、ここではこんなことができる、と提案してきた。それが生かされているのか」

「二期区域の、農的環境のなかでの遊びというテーマまではいいとして、大根引き抜きゲームなど、模擬体験というのはまったくいただけない。舞岡では本物体験だ！疑似は必要ない」

目からウロコとは、このことである。

正直いって、私たちのこのときの基本計画づくりには手抜きがあった。日夜、地権者交渉に明け暮れていた私たちは、現地踏査やら「まいおかの会」へのヒアリングやらの余裕はなくて、計画づくりはコンサルタントまかせのきらいがあったからである。

でもここからが中村係長と私の真骨頂、「誤りを改めるにはばかる事なかれ」の実践である。だから初対面でのキビシイやりとりは、その後、「なんでも言い合える関係」に一転する。

一—九　理念貫くため自ら建設担当を志願

一九八六（昭和六一）年、買収農地と公園進入路の造成に端を発した公園整備工事は、しばらく港南区側（公園南寄りの造成地）で人工的な施設づくりをつづけていたが、九〇（平成二）年にはそれが谷戸側の丘におよんできた。

ある日、小柳さんから私のもとへ、この工事を心配する電話がかかってきた。「急に丘の上の空が明るくなったので行ってみたら、木を切ってブルドーザが大きな穴を掘ってるんだけど、どうなるんでしょう?」

建設課の担当に聞くと「あずまやの基礎ですよ」とさりげない。私もさして気にとめなかった。

そのうち小柳さんと増田さんが直接計画課を訪ねてきた。「谷戸区域は現況地形を保全することになっているはずだ」と思い込んでいた私も、現場の様子を訴える二人の話によようやく不審をもち、すぐ現場へおもむいた。そして愕然とした。

工事現場はいま「もみじ休憩所」になっているところ。以前は道より一段高くなった畑だったが、土がすっかり削り取られ、芝生の間に庭石がたくさん並べられている。各種の梅が植わり、何基もの低い庭園灯が立つ。里山には場違いな「梅園」ができ上がっていたのである。

これにつづく山は、シイの大木などがうっ蒼と繋っていたので、「まいおかの会」では「忍者の森」と呼んで、子供たちの森遊びの場所にしていたところだったが、その真ん中が大きく切り開かれて、舗装された立派な園路が通っているではないか。

水源の森の面影は消えていた。用地確保に没頭していて、実際の公園整備がどんなふうにおこなわれているのか見なかったのはうかつだった。時の建設課長は、初期の舞岡公園計画にかかわり、公園の性格を知りつくしている人だから、という安心感があったせいもある。

私は直ちに上司に訴えて、舞岡関係部署の課長会議を開いてもらい、席上自ら「問題提起」をした。

「市内に残された数少ない里山の原風景こそが舞岡公園の財産であり、それゆえこの貴重な資源を最大限に生かすことを公園づくりの理念としてきた。なのに今回の整備にはそれが貫かれず、かえって地元などから《舞岡らしくない工事》という批判の声が寄せられたのは、まことに残念である。郷土色豊かな公園づくり、は《口先だけ》であってはならない」

こんな指摘をしたあと「問題提起」の終わりを次のような言葉で結んだ。

「来てみたら、舞岡駅を出たときの予感通り、ふるさとに帰った気持になるすばらしい公園だ……と後世に評価されるには、現在公園整備を担当している私たちが、安易に従来の施工方法や素材選定に頼るのではなく、設計業者から現場監督まで含めて、真にこの公園にふさわしい整備のあり方への再認識に立って、新たな発想の転換ができるかどうかにかかっているのではないでしょうか？」

平職の私が、部課長を前にこんな説教をしたのだから、建設課長も穏やかでなかったのだろう。「そんなに言うんなら、きて自分でやってみれば？」と言ってきた。ちょうど人事異動の時期が来ていたのである。

私にすれば、誰がやるかという問題ではないと言いたいところであったし、五〇歳を過ぎた自分としては、正直もう細かい設計はやりたくなかった。でも迷ったあげくに決断した、「そう言われてやらなければ《口先だけ》は自分のことになる。建設課へ行こう」と。

仕事の割り振りの話になったとき、建設課の係長が遠慮っぽい言い方をした。「計画につづいて同じ公園の建設を担当するのは変則なんだけど。舞岡、やる？」

建設課への異動を決断したのは、課長の「来て自分でやってみれば？」がきっかけである。やらなくては来た意味がない。

こうして私は舞岡公園と四つに組むことになった。それは公園が全面オープンするまでつづいた。自ら整備工事にかかわることなど、全然考えていなかったのに、こうなったのは小柳さん・増田さんという「まいおかの会」の二人の女性が、計画課を訪れてきたあの日に端を発しているのである。

一一〇「まいおかの会」の白い小屋

私が舞岡公園の担当になったとき、公園整備工事は大変な状況だった。公園を貫通している戸塚・港南区境道路の拡張工事がうまくいっていなかったのである。前任者は満足な引き継ぎもなく異動してしまっていたから、仕方なく私は一人で現場へ出かけていき、まだ見ぬ現場代理人を探した。

何年も設計の業務から離れていて、いきなり本格的な道路工事の監督はきつい。そこは京急ニュータウンから栄区本郷台への抜け道になっていて、やたらに車が多い。

仮設道路は折からの雨で路盤がゆるみすぐ穴があく。道路の苦情は土木事務所へいくから、所管の港南土木事務所からは「お宅の工事なんだから、ウチに苦情がこないように、ちゃんとやってくれよ」という「苦情」をいってくる。

そのつど、業者にいって穴埋めをしてもらうのだが、そのうち請負業者の社長が直談判にきた。工事費を清算して退かせてほしい、というのである。なんとか説得して一難去ったと思ったら、今度は運悪く定期監査にあたった。かなりの指摘事項が出たので、他人の作った設計図書のわかりづらさを呪いながらも毎日黙々と机にむかい、監査の宿題に取り組んだ。

道路工事と並行して、公園管理詰所棟の建築とふたつの架橋工事、港南区側の造成工事とハードな仕事がつづき、息がつけなかった。しかし、自ら手をあげて担当になったのだから、〝土木工事の後始末やるためにきたつもりじゃないのに〟などとグチはこぼせない。思うにこの時期は、「舞岡谷戸部分の設計」という私の主題に進む前の試練のときであった。

一九八六（昭和六二）年施設整備に入って以来、整備対象は丘の一部と港南区側に限られていて、狭い区域に密度の高い設計施工がおこなわれていた。谷戸のなかにまったく手がつけられていなかったのは、「まいおかの会」の活動の場だから、安易に整備に入れないと考えたせいかもしれない。

九二（平成四）年、その谷戸に私がはじめて手をつけることになる。

前哨戦の土木工事の試練を越えて、ようやく向き合った「谷戸」である。でも私には、ここで自分の真価が問われるなどという特段の気負いはなかった。

土木工事で苦労した港南区寄りの高みから北を見下ろすと、谷戸のまんなかに白い小屋が見える。小屋といっても幅二間ばかりのプレハブで、「まいおかの会」の活動拠点としてずっと使われてきたものである。そこにいる小柳さんや十文字さんたちは、この谷戸のことを熟知しているから、肝心なことは何でも相談できる。だから谷戸の整備について、私には何の不安もなかった。

一―一一　生き物と共存のゾーニング

十文字さんは、かねてから舞岡谷戸の水資源の枯渇を懸念していた。「こまめに溜めて、こまめに流す」ことが必要で、上流部に池をつくるべきだと提案していた。

彼はまた、地域内に残っている古い地名を公園のなかに残すべきだと強調する。私もまったく同感であったので、すぐこれらを設計に反映させた。

舞岡では、どの枝谷戸《えだやと》にも固有の名前がつけられていたので、出合《であい》をせき止めて出現した池に、これらの名を使った。昔から伝わる地名は、地元の人に聞いても由来のわからないものが多く、局の命名委員会などにかけていたら、すんなり決まっていたとは思えない。そこは建設担当の強みで、私は勝手につけた名前を地名標識や橋名板にした。だから地名は、いまではすっかり定着してしまっている。

谷戸の整備に入るにあたって、私は基本計画の見直しに時間をかけた。

一九八四（昭和五九）年策定の基本計画は、田園風景の復元を重視したのはいいが、拠点施設が分散配置されていたり、農家の場所が丘の上だったり、見直すべき点があった。

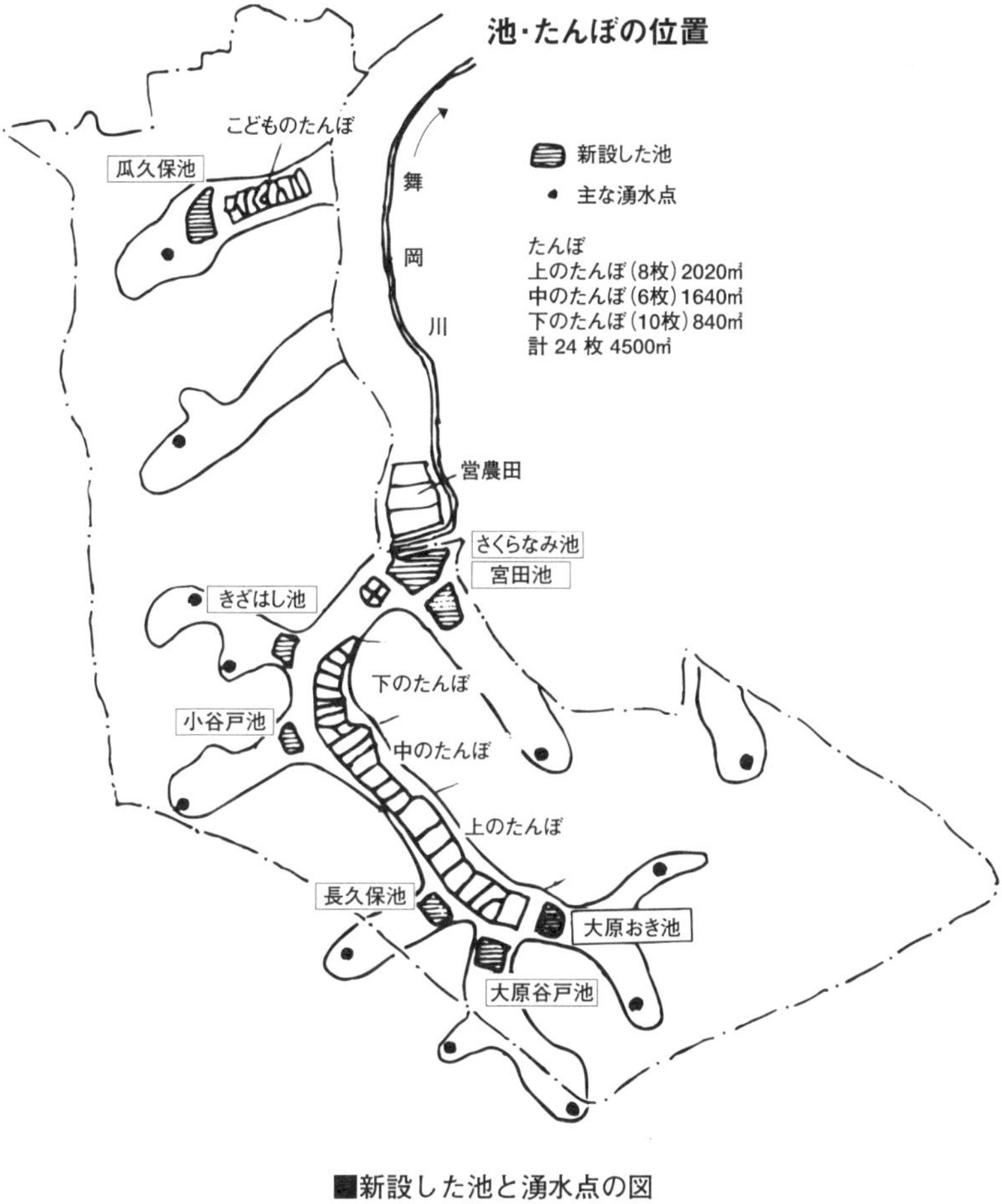
池・たんぼの位置
新設した池
主な湧水点
たんぼ
上のたんぼ（8枚）2020㎡
中のたんぼ（6枚）1640㎡
下のたんぼ（10枚）840㎡
計 24 枚 4500㎡
こどものたんぼ
瓜久保池
舞
岡
川
営農田
さくらなみ池
宮田池
きざはし池
下のたんぼ
小谷戸池
中のたんぼ
上のたんぼ
長久保池
大原おき池
大原谷戸池

■新設した池と湧水点の図

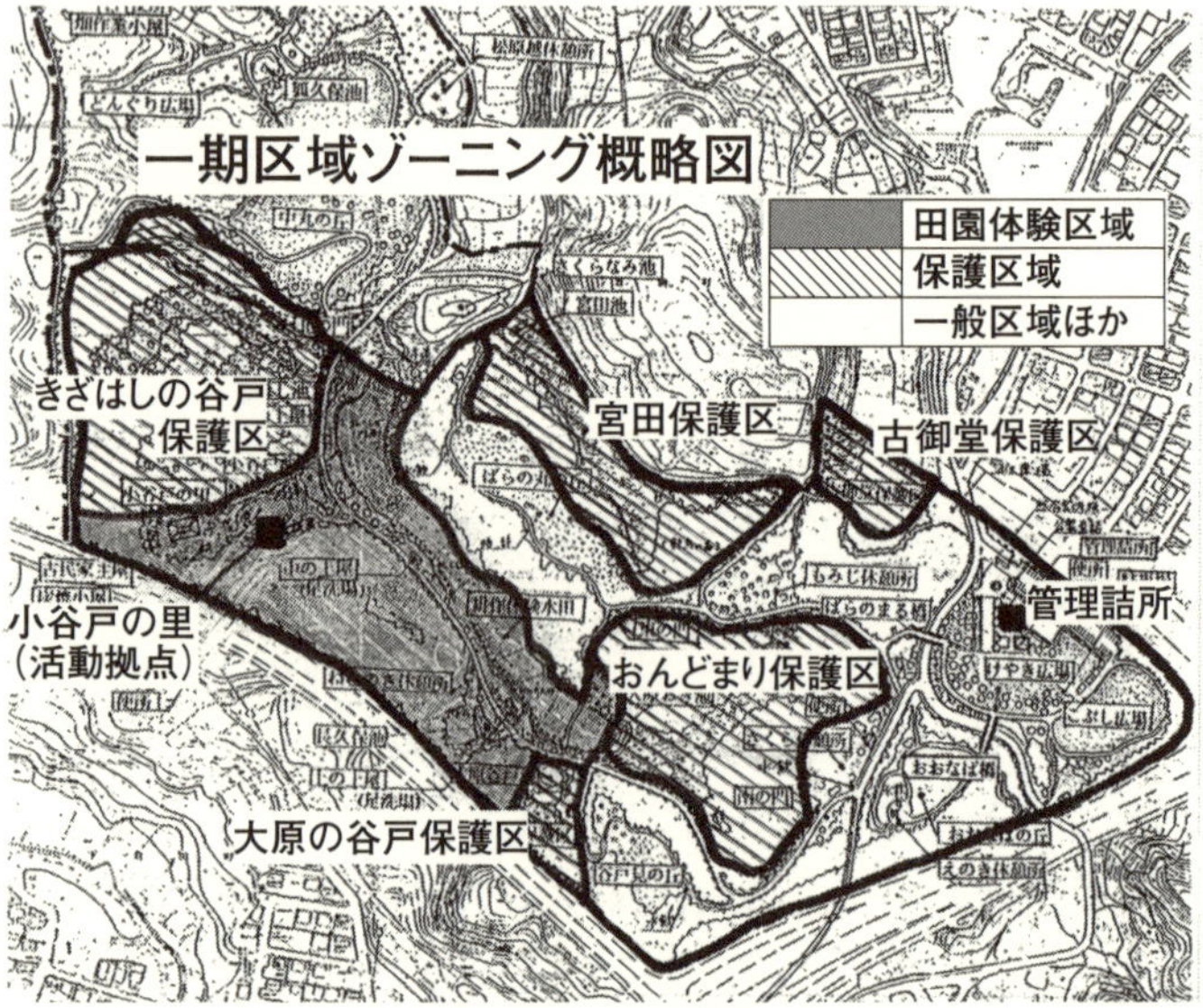

■ゾーニング概略図

計画では、谷戸の奥まで水田の絵が描かれているが、開園時に利用可能な適正規模も考えなければならない。

一方、生き物に対する配慮も問題になっていた。

普通の公園では買収済みの用地は柵がこいをし、つづいて「工事中立入禁止」となるのだが、舞岡では、未整備区域でも一般の立ち入りを制限しなかった。公開前に、人々に憩いの場所を提供したのはいいのだが、同時に自然資源への影響が深刻になった。子供たちのドジョウやメダカ獲り、大人のヤマイモ堀りやタラの芽摘みなど野放図におこなわれ、犬の放し散歩がキジ・タヌキなどの野生動物の脅威となっていた。

生き物たちとの共存のためには、彼らの逃

げこめるところ、安心して営業できるまとまった区域を作ってやることが必要だ。「まいおかの会」との情報交換を重ねるなかで、私はこのことを痛感した。

こうして基本計画になかったゾーニングができていく。

舞岡におけるゾーニングとは、「田園体験区域」「生物保護区域」「一般区域」の三つである。生物保護区は、「きざはしの谷戸」「宮田」「おんどまり」「大原の谷戸」「古御堂」の五か所、一期区域面積の三分の一を占める。

一―一二　農体験のノウハウは市民活動から

農体験の市民活動拠点をどうするか、これにはかなりの紆余曲折があった。

基本計画では、「ばらの丸の丘」の上にもうける農家を工作棟・炭焼き小屋とし、谷戸部分に耕作管理棟をもうける案となっていた。一九九〇（平成二年）度には港南区側（現・けやき広場）で、管理詰所と活動拠点を一体にした建物が実施設計までされながら、フィールドと離れすぎているからということで建設を見送ることになった。

その一方で、多くの市民が集う中心施設は安全・便利な場所にすべきだという意見もあって、なかなか決まらなかったが、ゾーニングをはっきりさせたことで、この問題に結論を出すことができた。

「市民活動拠点は田園体験区域のなかである。農家をおくのは自然な立地、つまり谷沿いであり、有効に活用する。ここに耕作管理棟も炭焼き小屋もまとめて置く」というものである。

その適地は「小谷戸」。ここはその一角を「まいおかの会」が、春まつりなどの会場として使っていたところである。

活動拠点として必要なものは何か。これについても「まいおかの会」による提案が役立った。会の活動は、中部公園事務所で定期的に開いていた連絡会で逐一報告されていたが、九〇年の段階で「試案」が提出されていたのである。

長文の内容までは記しきれないので、ここで「はしがき」だけを全文紹介する。

「舞岡公園をいよいよ平成四年度にオープンさせることをめざしているとお聞きしていますが、横浜の市民たちにとって楽しみがふえることと思います。

わたしたち、まいおか水と緑の会は昭和五九年に許可をいただき、これまで公園予定地で七年間にわたる活動をつづけてきました。

この期間の中で、様々な市民との接触や活動形態の開発を進めてきましたが、これまで

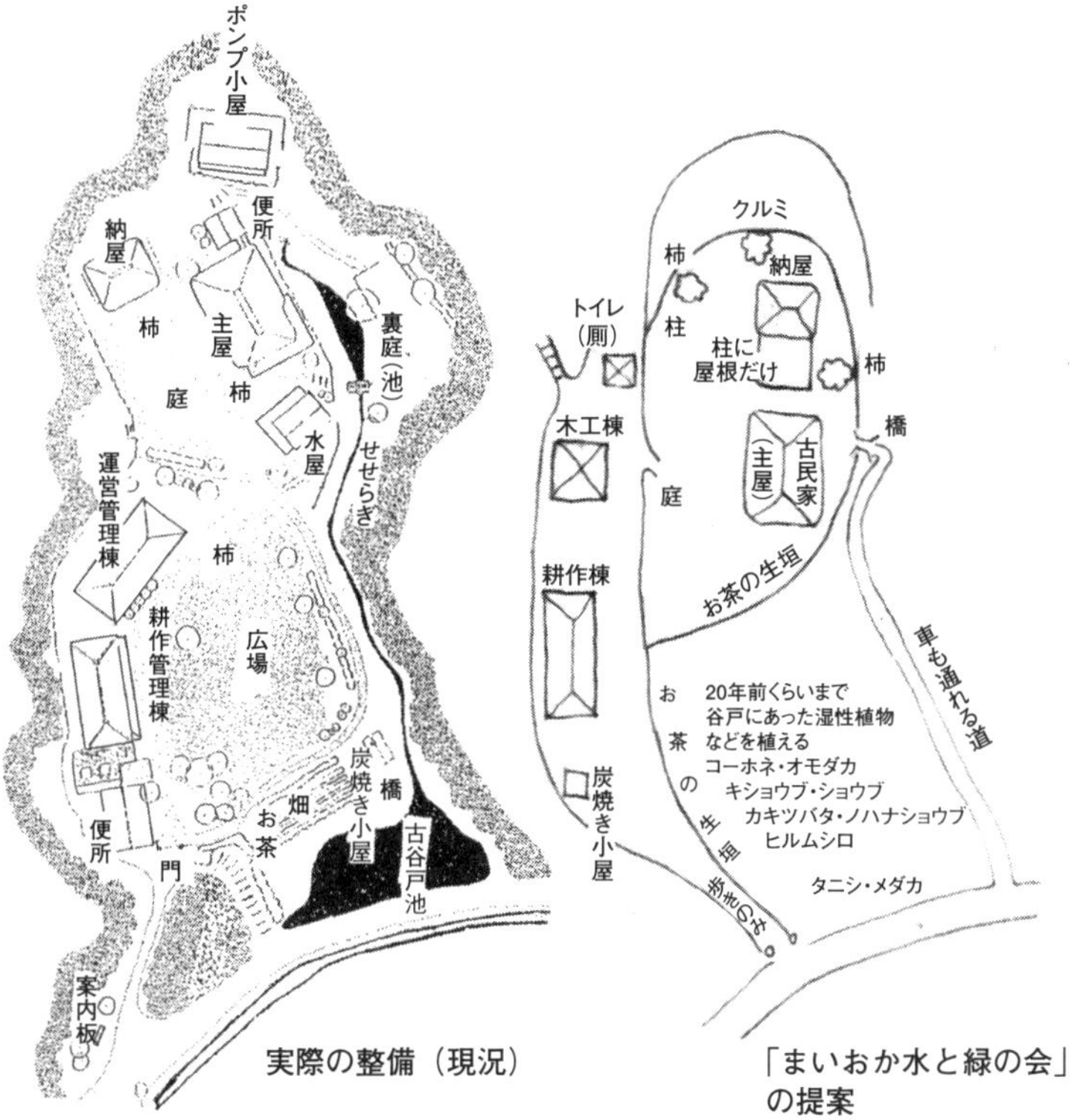

■小谷戸の里（市民活動拠点）の図

の活動などをひとつのノウハウと見立てて何回か整理し、横浜市にお伝えしてきました。また、活動を進めるなかで、谷戸の行事に来る市民たちの確かな手ごたえを感じ、市の公園行政に協力する市民参加の管理運営を具体的にめざすという当面の目標が固まってまいりました。

公園の管理運営およびそれに連結した公園づくりをお考えいただければ幸いと存じ、そのための素材として、未だ不十分なものですが、使用許可条件に含意されている活動の成果の市への還元のひとつとして、ここに提供させていただく次第です」

これにつづく内容は、水田・畑・雑木林に始まり、農芸・教室・イベントなどから、園路園灯の配置案、管理運営組織案まであり、そのひとつに建物施設が見取図まで添えて載せられていた。これを役立てたことが、利用しやすく無駄のない施設づくりにつながった。設計図を引く私の机の上には、この提案書がいつもおかれていたのである。

さて、活動拠点の位置に結論が出ると、次はそのネーミングである。

提案にあたって小柳さんは、拠点の総称を「谷戸屋敷」と呼んでいた。彼女はこれにしたかったと思う。でも今の呼び名は「小谷戸の里」である。

「私は谷戸屋敷でもいいと思うんだけど、例の、昔の地名を極力残す意味で『小谷戸の家』とでもしたらどうでしょう。十文字さん」

「運営棟・作業棟に次いで古民家まで建てるという話だけど、そういうまとまりなら『小谷戸の里』がいいんじゃないですか。」

こんな会話が十文字さんとの間にあって、決めた名前である。

小谷戸は他の谷戸と同様に奥まで湿地で、湧水点から一条の流れがあった。会がイベントで使っていたのは向かって左側の台地だけだったが、田園体験区域の広さを考えると、なんとしても狭い。手前に作った池と流れのほかは、活動拠点の敷地として埋めさせてもらった。開園後の「小谷戸の里」の使われ方を見ると、この思い切った判断は適切であったと思う。

参加する市民の数が増えてきて、むしろ最近は手ぜまになっていると聞く。

建物の建設に入ったのは九二（平成四）年であるが、一度流してしまっているから特別な予算はない。窮余の策として作業棟・運営棟を「仮設倉庫・仮設事務所」の名目で発注した。瓦屋根のレッキとした木造家屋を「仮設」とはよくいったものである。

でも、自慢にならないこうした変則技を通せたから、活動拠点づくりが公開期限までに間にあったのである。時もたち、退職したいまだから話せる裏話である。

一―三　トトロがでるのは土の道にハダカ電球

舞岡の整備を担当して、私ならではと自負することが、まだある。道路と照明灯である。谷戸の道は従来のままの土の道として、道幅も変えなかった。実は私が引き継いだ図面のなかに、主園路整備計画図を見つけていたのである。通常の公園園路計画通りの四メートル幅の舗装路、道幅を確保するためにカットしてできる斜面は、コンクリートのブロック積みというその図面通りに作られていたら、田舎道の感じは確実に失せていた。課長は「主園路だけは舗装したい」と本音を漏らしたが、私はこだわった。

雨上がりにできた水たまりに降りたスズメが水を飲んでいる風景。穴がひどくなったらみんなで道普請、それが田舎道なのはわかっていても、都市公園の園路づくりのマニュアルに、そんなのはない。あとの管理の大変さが気にかかるというところで、若い担当者だったら抗しきれなかったろう。私のこだわりに、課長のほうが抗しきれなかった。

照明についても大変だった。公園の園路には照明灯をつけるものという公園設計の常識は、簡単に打ち破れなかった。

私が説く舞岡の照明不要論を、電気担当係長は最初まともに聞いてくれなかった。

「水銀灯は、谷戸の景色に絶対似合いませんよ。夜中明るくしたら、鳥や虫たちはどう

■上＝たんぼのなかのかかし
■左＝たんぼに立つ木製の電柱

なるの」

「明かりがなかったから、溝に落ちてけがをしたといわれたら困る」

そこで基本計画にはなかったが、夜間谷戸を閉鎖することにした。

また、必要なときだけつける灯具は、トトロのアニメに出てくるようなハダカ電球にしたい、木の電信柱に電線を張ってツバメを行列させたい、と注文を出した。架空線への通電だけはできないから地下ケーブルで、と言われたので、今度は、田舎道の感じを壊すマンホールの露出をやめて無理に埋めてもらった。電気屋さんの常識では、あり得ないことである

電信柱には、電気を通さない飾りの電線を張った。

一—一四　公園完成へ最後にやったこと

一九九二（平成四）年度、工事の手は谷戸の核心部に延びていく。田んぼの造成である。ここで八年間つづけられていた「まいおか水と緑の会」の田んぼは、複雑な水路で細かく仕切られていた。新たな市民活動に見合う水田配置を考えると、会の田んぼもいったん潰す必要があった。

新しい区画割りで畔《あぜ》を作っても、春になればすぐに草が芽生えてくる。それが頭でわかっていても、自分の手で拓き、長年親しんだ田んぼがブルトーザーで壊されていくのを見れば穏やかでいられない。だから会の人たちは工事中の谷戸には入らないで、と私は小柳さんや十文字さんに繰り返し頼んだ。こうして九三年度のはじめには、古民家移築などを除き一期区域大半の整備が終わった。

公開に先立って、どうしてもやっておかなければならないのは管理運営計画と組織づくりである。公園管理は、市民参加による運営管理主導型にするという方針があり、「まいおかの会」の活動の蓄積があったとはいっても、いざ具体的な組織づくりとなると、前例がないだけに担当者の腰は重く、やっと検討が始まったのは公開の年に入ってからだった。横浜市は全体の公園を対象とした「管理基本計画」を持っていたが、この計画では農体験の市民活動などということは想定しておらず、指針にはならない。

公園事務所メンバーや十文字さんたちと意見交換を重ね、なんとか「舞岡公園を育む会」を形にしたのは開園式二週間前のことだった。

会は立ち上がったが、現地につめる事務局員の人選が問題だった。現地に二人の職員を置くことになったが、市退職者の再雇用職場に指定され、最初にやってきたのは、市民主体の運営管理の意義など理解できない「旧型お役人」だった。舞岡での新しい試みをリードするどころか、旧来からの「きまり」を優先させて、市民の活動を規制しようとする。事務局を市民で構成するように改められたのは、二〇〇〇（平成一二）年になってからである。公園のなかでの七年間という実際活動の積み重ねのすえに、「会」は名実ともに市民が運営の中心にすわる組織に発展した。これにともなって運営組織の正式名称は「舞岡公園田園・小谷戸の里管理運営委員会」という硬いものに変わったけれど、のちに公募によって名づけられた「やとひと未来」という愛称で呼ばれるようになった。

六月に開園式が小谷戸の里でおこなわれた。会場は、現在の古民家の庭のところに張った大きなテントである。

式が終わって、これが取り片づけられるのを待っていたかのように、すぐ作業場が建てられた。古民家の移築工事が連続して始まったのである。

一九九四年度に二期区域の「狐久保《きつねくぼ》」、九五年度に「瓜久保《うりくぼ》」、それぞれに新たなふるさと景観の創出を試みながら、公園の完成に向かって歩んだ日々は楽しくさえあった。

公園整備工事の最後に、私はひとつ気になっていたことに着手した。私が建設課へ移って整備担当になったキッカケは、「ばらの丸の丘」でおこなわれていた土工事を心配した「まいおかの会」の小柳さんの通報だったが、梅園風につくられていたその場所を大きく改造したのである。

梅の木は全部小谷戸の里などに移してコナラやカエデに替え、景石やあずまやも移設した。林立していた庭園灯は、場所柄一度も点けられることがないまま置かれていたが、これを全部撤去した。

できてから何年もたっていないのにこんな手術に踏み切ったのは、ここを歩いていたある日、この「庭園」に並べられた奥州産の飛石の上を跳ねるノウサギを目撃したからである。その時感じた違和感は、一緒にいた、ここの施工に当たった当人・生駒造園の現場代理人である諏訪間さんにも共通していたようである。

「ここは確かに自然に戻すべき場所のようですね」と言って、私の指示に従ってくれたのである。請負工事であっても、自分で一生懸命に作ったものを自分の手で壊すのは、とても抵抗のあることなのに。

この改造で一帯がもとの姿に戻ったわけではないが、あとは自然の復元力に期待したい。あの近くに住みついているノウサギには、少なくとも飛石の取れた柔らかい土の感触をプレゼントできたはずである。

一―一五　里山公園を実現させた平職種族の役割

はじめて舞岡の地に公園構想が出されてから二二年、長い歳月のうちに数多くの人々がかかわってきたなかで、最後の完成の場にめぐり合わせた私は、本当に幸せだった。「そんなに批判するんなら、来て自分でやってみれば」の一言にこたえて建設担当の道を選択したことが、この無上の幸せ感を得ることにつながったのである。この道を選んで自分の手で直接やることを可能にしたのは、言うまでもなく私が平の造園職でいたからである。

また公園整備が、その理念を外れる方向にハンドルを切られたとき、部課長を前にその誤りを直言した話をしたが、これは私が、トシのいった平職だからできたことだろう。


そもそも私は、市職員になったとき、「一路平職」の漠然とした予感はあったが、強い意志があってそれを通したわけではない。でも平職生活を重ねるなかで、本当に市民・住民のための公園づくりをするには、こういう種族が要るんだな、と思うようになった。

舞岡にかかわった多くの人のなかで、私のよき相談役になってくれた門脇穣さん・清水富二男さん・一見典正さんたちもそうであった。型にはまらない思考や行動のできるこういう平職種族が、市民との協働を通した新しい公園のあり方づくりに欠かせない存在だったと思うのである。

このことは、実は舞岡に限ったことではない。息長く個性的な公園づくりがつづけられるかげには、職人的であれ営業マン的であれ、こだわりをもって仕事にあたる個人の力が大きな役割を果たしている。そのひとつの典型例は、章を改めて紹介したい。

私の母校・千葉大学の後輩が舞岡公園を卒論にとりあげ、調査にきたことがある。私のころは、言葉もなかった「里山公園」や「市民参加」が、いまは研究の対象になっており、国内の事例を求めて舞岡に行きついたというのである。私が担当したてのころ、他都市の類似例を見つけられなかったわけである。たしかに舞岡は、都市公園の新天地といえる。その公園づくりに参加できたこと自体幸運であったが、私は公園完成の姿を見届けられたのである。感動をともなう仕事とは、このことにほかならない。

一―一六　みんなの描いた夢が目の前に

一九九六（平成八）年の春、全面オープンした舞岡公園の一角に私は立った。

舞岡川をさかのぼった十文字さんが「発見」して感動した一二年前の舞岡谷戸は、アシとススキが生い茂り、森はクズに覆われていただろう。

整備の仕事を終えた感動に浸って、改めて眺める谷戸は、すっかり里山の風景である。かつて農家の人たちが作っていた田んぼの跡だったアシ原は、市民たちの手で植えられたイネが風にそよぐ美田に復元されている。

「まいおかの会」の人たちが植林したクヌギ・コナラの苗木は、十数年を経て大きく成長した。数え切れない人々の力で舞岡谷戸三〇ヘクタールは見事に永久保全され、かけがえない田園自然の財産は、市民の手によって守りつづけられていくにちがいない。

田んぼで立ち働くたくさんの市民を目にしながら私は、この公園が構想段階だったころの先輩担当者が、その思いを綴っていたのを思い起こしていた。


「この地の特色を生かして、生産のよろこびや、田園景観の保全をはかった公園づくりができないものかと検討を進めていますが、これは維持、管理にとても手間のかかる公園となるため、行政の力だけでは限界がありましょう。市民がより豊かな生活を送るうえで、何が大切なのか、市民の側がなにをすべきかということが、市民の側から起こってくることが必要なのです」

八二（昭和五七）年のころは、まだ児童公園に「官製」の愛護会があったくらいで、市民の参画はみられなかったが、そうした時期にあっても、郷土色豊かな公園を企画した先輩は、この種の公園の運営は市民の手でこそ、ということに気づいていたと思う。
さらに私は思い起こす。これから少しあとに出された「まいおかの会」会報の巻頭にあった次の文を、この先輩の呼びかけにこたえたもののように読んだことを。

「身近な自然がつぎからつぎへと姿を消してゆく今、それでもまだ街のはざまに、わずかながらもささやかな緑やせせらぎは残されています。それらがいずれ壊されてしまうことをきまりきった運命とあきらめる前に、私たちはもういちど、そこに暮らす人びとになにがやれるかを、考えてみたいと思っています。舞岡谷戸と呼ばれる……この地を、都市のなかで自然をまもり育て、暮らしに自然を生かし、自然に生かされるための試みの原点としたい。それが「まいおか水と緑の会」の夢なのです」（一九八四・一〇・一「森から田んぼから　創刊準備号」）

このように、構想段階で市の担当者と市民グループが相呼応できたとしても、実施の段階で具体化するとなると、とてもむずかしい。従前のきまりなどに拘束されて、文字どおりの夢に終わりがちである。

しかし舞岡では、双方の夢を実現した。

市の企画担当者と市民、それぞれが描いた舞岡公園の夢が、ほぼ正夢となっていま私の目の前にある。

他に類をみない郷土色豊かな里山公園を企画した先輩たちの夢を引き継いで一〇年、私が夢の実現に果せた役割とは、結局何だったのだろうか。ふるさとの景色を保全再生するためにした数々の試みも記憶に新しいけれども、私の充実感は「市民主体の公園運営」の意義について、自分自身の理解を深めながらその実現につくしたことにある。

そして私は思う。

夢を実現した本当の原動力は、描いた夢のなかでも本当の汗を流し泥にまみれながら、原点を忘れることのなかった、「まいおかの会」の人々の執念であったことは疑いない――と。

「まいおか水と緑の会」の創立者のひとり、昔この谷戸でわが子を育てていた小柳徹子さんは今、公園の管理運営委員会事務局で舞岡谷戸の〝明日の守り手〟を育てる先頭に立っている。

雑木林造成・水田開墾・炭焼き…

谷戸の風景と文化再生

戸塚で市民グループ

クワで田んぼを起こす大学生
=横浜市戸塚区舞岡町で

休日になると、横浜市戸塚区舞岡町の奥にある通称「舞岡谷戸」は大勢の市民でにぎわう。大学生たちがクワを振るって田を起こし、家族連れがカマを手に雑木林の下草を払う。だが単に、農体験を楽しんでいるのではない。谷戸の田園風景と文化を再生するのがこの人たちの夢だ。中心になっているのは農業とは無縁だった市民の集団「まいおか水と緑の会」のメンバー。谷戸と取り組んで足かけ四年。来月には三度目の田植えが待っている。

泥にまみれ夢追う

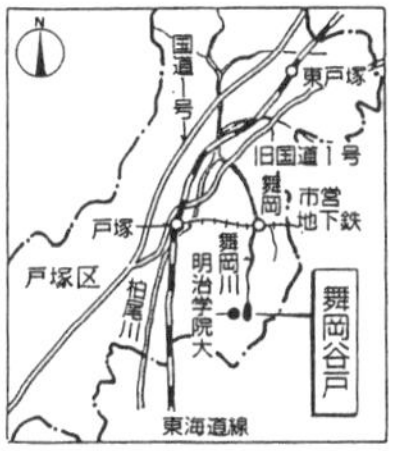

舞岡谷戸は市営地下鉄舞岡駅の南約二㌔のところに伸びる細長い谷間で、柏尾川の源流域の一つ。緩い丘陵に囲まれ、野ウサギやゲンジボタルが生息する。

五十八年春、柏尾川の汚染に関心を持っていた県職員、十文字修さん(三七)が水源を訪ね、舞岡谷戸の都市近郊に残された豊かな自然に心を引かれた。ミニコミ紙を作って保存を呼びかけたところ十人ほどが集まり、谷戸の模型や現地のホタルなどを出品して展示会を開いた。これが反響を呼んでメンバーは約八十人に増え、同年九月に会を結成した。

緑を守れと声高に叫ぶのではなく、谷戸を守るには、荒れたままの水田跡地や雑木林を自分たちの手で再生し、田園生態系の復活を図る以外にない、という考え方だ。

足かけ4年 増える協力者

実践の機会は意外に早く訪れた。谷戸の十八・九㌶に自然公園を計画している横浜市が、会の熱意を認めて五十九年十月、予定地内にある市有地の山林二・六㌶と水田跡地〇・二㌶を開放することにしたのだ。同会では民間企業の緑の基金から三年間、助成を受ける約束も取り付け、その年の暮れ、一般市民の参加を呼びかけて「田んぼ開き」をした。

昨年までの二年間の実績は——雑木林づくりにコナラ、クヌギなどの苗四千五百本を植え、水田は計九枚、千二百五十平方㍍を開墾。稲作は無農薬有機栽培を目指した。炭焼きの技術を東京都日野市の教室で学び、ふだんに生えているクズから布を織る方法は静岡県掛川市の専門家に教えを受け、自生しているコウゾを原料にした和紙すきは横浜市子供植物園で技能を習得した。

そのほか豆腐づくり、ソバ打ち、シイタケ栽培、草木染など農村文化への挑戦は十指に余る。舞岡川の清掃にも参加、地域との交流も。

その中での収穫は年々、参加者が増えてきたことだ。月一回発行の機関紙で知った戸塚、南両区の小学生たちや教育中の自閉症児らが植林や稲作に汗を流した。上大岡日曜子ども会のメンバーは泥にまみれて田耕作に精を出している。雑木林に「忍者の森」を造り、遊び方まで考案するなどすっかり谷戸に定着した感じだ。

「年千円の会費を払っている会員は約百二十人。ほかに労力奉仕に来る市民がその数倍はいる。むしろ、こちらの方を会員と呼びたいくらい」と会事務局長の十文字さんは言う。

会の代表、村橋克彦・横浜市大経済研究所助教授はこのほど、会の活動記録を「身近な自然の保全と創造」という論文にまとめて発表した。その中で同助教授は「子供や学生の姿を見ていると、谷戸が教育の場、人間形成の場になっていることは間違いない」と評価している。

会への問い合わせは〇四五—八二四—五二二五(夜間のみ)。

■「まいおかの会」の活動を報じる昭和62年5月23日朝日新聞

二章　紙上・舞岡公園案内記

次に、まだ現地をご存じないあなた、そしてすでに舞岡公園にきたことのある方にも、図上の舞岡駅までお出で願い、私に舞岡公園のメインコースを紹介させていただきたい。紙上谷戸歩きは「コース図」片手にどうぞ。

二―一　ようこそ舞岡へ

コース①　舞岡駅にお集まりの皆さん、ようこそお出でくださいました。

ここから公園までおよそ二〇分、いまから舞岡公園のご案内をいたします。さっきから肥料の臭いがただよっていますね。大都会の地下鉄の駅から田んぼが見える、これが舞岡というところなのです。

駅前の大きな建物はふるさと村の施設で、「舞岡や」と「ハム工房」、地場産

舞岡公園案内コース図

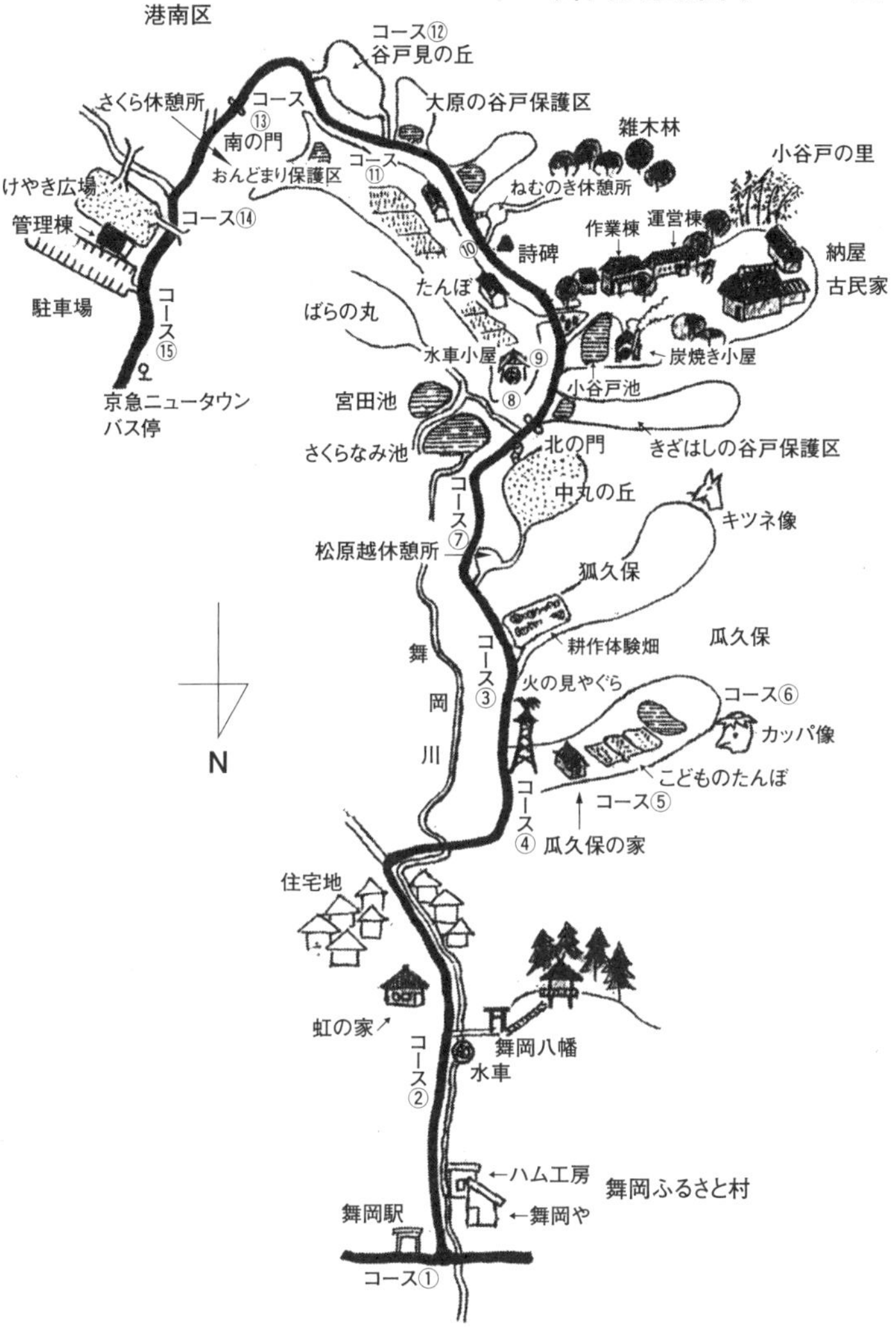
港南区
コース⑫
谷戸見の丘
さくら休憩所
コース
⑬
南の門
大原の谷戸保護区
雑木林
小谷戸の里
おんどまり保護区
コース
⑪
けやき広場
ねむのき休憩所
管理棟
コース⑭
作業棟
運営棟
⑩
詩碑
納屋
古民家
駐車場
コース
⑮
たんぼ
ばらの丸
水車小屋
⑨
炭焼き小屋
京急ニュータウン
バス停
宮田池
⑧
小谷戸池
さくらなみ池
北の門
きざはしの谷戸保護区
コース
⑦
中丸の丘
キツネ像
松原越休憩所
狐久保
N
舞
岡
川
コース
③
耕作体験畑
瓜久保
火の見やぐら
コース⑥
カッパ像
こどものたんぼ
コース
④
コース⑤
瓜久保の家
住宅地
虹の家
コース
②
舞岡八幡
水車
ハム工房
舞岡ふるさと村
舞岡や
舞岡駅
コース①

の新鮮な野菜やハムなどが手に入ります。

コース②　水車が見えてきました。この流れは舞岡川で、あの十文字さんが歩いたときは、コンクリート柵の水路でしたが市の「小川アメニティ事業」で改良し、一部が歩行者通路になりました。安全に歩けるようになったのはいいのですが、こんなふうに石の護岸にツツジではなく、土手に野草のままのほうが舞岡らしかったのにと私は思うのですが。

ともかくこの流れについていけば公園に行きつきます。

右に見える神社は「舞岡八幡宮」、石段を上がると幽邃《ゆうすい》な境内があります。つづいて左の畑のなかに建っているのは「虹の家」といって舞岡ふるさと村の総合案内所があります。いろいろな展示もあって自由に見られますので、時間があったらのぞいてみてください。

公園までの道のみどりが途中の住宅地で途切れるのがちょっと残念ですが、この先の角を曲ればもう公園は間近です。

二―二　狐久保にでたキツネ

コース③　さあ、着きました。

道の左側は営農地、右側が公園の二期区域です。

二期区域は右にはいる二つの谷戸が特徴で、最初の谷戸を「瓜久保」、次を「狐久保」といいます。公園整備は南側から進めましたので「狐久保」のほうが先に整備されました。

「狐久保」は買収直前まで畑耕作がされていて、ことに一番手前は畜産農家の畑で牛糞がたくさん入っていました。

それで公園になったとき、ここを「耕作体験畑」にしたのです。

出作り小屋と足洗い場をもうけ、点景《てんけい》に柿の木を植えてあります。

狐久保とは面白い地名です。昔はキツネの住みかでもあったのでしょうか。谷頭《たにがしら》は急峻な斜面にかこまれてちょっと神秘的な感じを受けるところでした。

そこでここに荒削りなキツネの石彫を二つおいたのです。ここを訪れる子どもたちがどんな物語をつくってくれるか、と思いながら。

後日談になりますが、子どもたちの〝きつねくぼ物語〟がひとつできていたのです。これに気づいた誰かが私に、一冊の雑誌を渡してくれました。それは「草土文化」刊の『ちいさいなかま』（二〇〇〇年一〇月号）といい、このなかで、すぐ近くにある「わかば保育園」の先生が書いていたのです。今日ここに持ってきましたので、ちょっと読んでみます。

そのころ四歳児のクラスを担当していました。

園のまわりは横浜とは思えないほど緑に囲まれた田舎。近くの舞岡公園はへビやカエル、野ウサギが住んでいたり、その季節には桑の実やキイチゴにもお目にかかれる……そんな自然たっぷりの地域です。

公園のなかにはきつねくぼという名所があり、探検にはぴったりの場所でした。散歩はまず、きつねに化かされないようにとおまじないをして、自分で描いたきつねのお面をつけて出発しました。ある日先頭とうしろの子どもが棒に油揚げをぶら下げて行くと、不思議不思議、きつねくぼを通り過ぎるころに、油揚げがかじられていました。またお弁当の日、何人かの子どもが持ってきてくれたおいなりさんを道しるべの所にそっとのせておくと、あらあら帰りにはなんときつねにかじられた跡が…なかなか姿を表さないきつねでしたが、その力はたいしたもの。散歩の帰り道には大半の子どもがきつねに化かされてしまい、「たのしかったでコンコン」

「あっ、きつねになったでコンコン」という具合。

……まだつづきますがこの辺で。このあとカッパ沼のカッパが園のプールにやってくる話もあり、とても嬉しくなりました。

二―三　瓜久保池カッパの由来

コース④　「狐久保」の話を先にしてしまいましたが、「瓜久保」のほうが手前です。

ここには公園整備前に長いこと仮の駐車場と仮設トイレを置いていましたが、舞岡駅からのメインルートをきて最初に現れる地点ですので、小規模な農家風の建物と火の見やぐらをおいて舞岡公園を印象づけるようにしました。火の見やぐらの隣にあるのは消防器具置き場に模したリヤカー小屋です。

火の見やぐらは、公園施設としては放送塔なんです。本当に園内放送ができますよ。

スピーカーもあるし、本物の鐘もついています。

私としては、もう少し柔らかい曲線のやぐらにしたかったのですが。

でも、てっぺんに風見鶏をつけ、根元にハゼの木を一本植えました。どこかの叙情歌の歌詞にあったのを知りませんか？

♪　むかしのむかしの風見の鶏《とり》の

ぼやけたとさかにハゼの葉ひとつ…　♪

そう、「小さい秋みつけた」の三番にあるんです。

また、ここの道沿いの生垣をカラタチにしたのも唄からの連想です。

♪「からたちの花が咲いたよ…」は誰でも知っていますね。

え？　「ふるさとの景色づくり遊び」は楽しかったでしょうですって？

そのとおりです。

正面の「瓜久保の家」は裏で田んぼ作業をする人たちの拠点ですが、縁先にかけて休憩もできます。建物自体が額縁となって瓜久保を一幅の絵として見せ

■瓜久保の家

■瓜久保の火の見やぐら

■瓜久保池の別名はカッパ池

てくれるのです。

コース⑤

「こどものたんぼ」という標識が見えています。

これって、舞岡では珍しいネーミングなんですよ。舞岡公園では特定の利用方法とか利用対象とかを想定するような施設名称は避けてきました。横文字もいっさい使っていません。

なぜここ「こどものたんぼ」が例外になったか、その裏話です。地元交渉のとき、隣接農地の方から強く言われたことがありました。「街の子はやたらに田んぼに入ってきて困る。でも元来子どもはこういうとこが好きなんだ。《遊ぶんならあっちの田んぼへ行け！》という注意の仕方ができるように、遊びの田んぼもつくってよ」

まさにその通りではありませんか。私はこの言葉がずっと頭にあって、「農的環境のなかでの遊び」がテーマの二期区域には、それを地で行くようなこの「こどものたんぼ」をぜひ作ろうと考えたのです。

標識はこの主旨を伝えるためだったのです。果たして、いまはどうなのでしょうか。

コース⑥　「瓜久保」の奥は池があり、そのほとりにカッパの彫像があります。

さきほど「狐久保」のキツネの石像の話をしましたが、こちら「瓜久保」に物語を作る役者は何か。やはり動物にしたい。

「瓜」は「狐」という字からけもの偏を取ったもの、瓜－ウリ坊－イノシシ？瓜－きうり－カッパ　これだ！

前田屋外美術という会社で、相撲をとるリアルな二匹の河童像をつくってくれました。

思いつきを形にしてしまえるところが建設担当冥利といったところですが、みなさんの評価はいかがなものでしょうか？

薄暗くなって一人でいるとき見るカッパは、リアルすぎて少し不気味ですね。

池の奥の広場には排水を土壌浸透処理するための配管が埋まっています。下のトイレの汚水は浄化槽をへてここまでポンプで圧送され、土にしみこんでいきます。

二―四　丘と池のこぼれ話

コース⑦　先へ行きましょう。

この辺は松原越という地名なので、右の台地上につくった休憩所の名前にしています。

そこから「中丸の丘」という見晴らしのいいところに出られます。

余談ですが、この中丸の「丸」というのは山を意味していますから「丘」をつければダブリです。わかりがいいようにわざわざ「丘」をつけたのですが、気になっています。

池が見えてきましたね。

手前が「さくらなみ池」、一段高いのが「宮田池」です。

ともに公園になる前はきれいな田んぼでした。下流の農地への灌漑用水確保という地元要望にこたえ、公園内の調整池でもあるという位置づけでつくりましたが、今ではずっと昔からあった溜池のように見え、土手に植えたヤナギもすっかり大きくなって景色に溶けこんでいます。

でもこの池ができたのは、開園式の後の一九九三年（平成五）度末のことでした。

池を掘れば当然大量の残土が出ます。残土運搬で地元民家に迷惑を及ぼさないことと、瓜久保池を作るための堰堤《えんてい》用土として残土を瓜久保の奥へ運びました。

ちょっと話がそれてすみません。ま、こんな折でないと言えないのですが、この時に「ひそかに瓜久保に土をすてているが、惨状は忍びがたい」という投書をもらったのです。


土工事の途中はよそ目には「惨状」に映りますから、バリケードをするのは「ひそかに」ではなく、不必要に現場を人目にさらさないための配慮でもあるのです。

「まず問い合わせてくれればすむのに。役所はもともと信用されてなくて、私も同類なのか」と情けなかったですね。

同じ投書でもこういうのがありました。

「近くの道路予定地にヒガンバナがたくさんある。工事開始前になんとか移植してもらえないでしょうか」

私は飛びつきました。秋の田園風景といったら彼岸花ですから。うれしい情報です。

すぐに掘りとってきて「瓜久保」に植えました。今ではとても増えたということです。

二―五　小谷戸の里のみどころ

コース⑧　さてこの辺から舞岡公園の中心部へ入ります。

少しいかついこの門は北の門と言います。

農道上にこんな門なんてあり得ないのですが、管理上やむをえない施設でした。同じ門が東・南にあって、その内側が夜間閉鎖の「田園体験区域」になっているのです。八時三〇分から一九時（冬は一七時）までが利用時間です。

門を入ってすぐ右が「きざはしの谷戸保護区」です。水田耕作をやめて久しいのでハンノキが沢山生えています。市内ではめったに見られなくなったようです。

舞岡公園憲章

私たちは、横浜市の原風景である谷戸を愛する市民です。

舞岡公園は、水や土、それに私たち人間をはじめとする、生きとし生けるものの調和によって成り立ってきた谷戸の景観をとどめています。

この緑あふれる谷と丘を良好に維持保全し、ながく後世に引き継ぐことを目的として、ここに憲章を定めます。

・私たちは、舞岡公園で自然と触れ合い、様々な生き物たちと共にあることを大切にします。
・私たちは、谷戸で受け継がれてきた文化や、農体験を大切にします。
・私たちは舞岡公園を、市民の手作りによる、市民のための公園にします。

やとひと未来

■舞岡憲章の一節を刻んだ生き物の碑

「きざはしの谷戸」と道をはさんだ反対側に建物が二つありますね。奥が水車小屋、手前が「下《しも》の上屋《うわや》」です。ここから上流に「中の田んぼ」「上《かみ》の田んぼ」とつづきますが、それぞれのところにある上屋《うわや》と水場が目印になります。

水車は本物で、一時は小屋のなかの石ウスで粉をひいたりしていたのですが、掛樋《かけひ》が壊れてしまって、今は廻っていないのが残念です。

コース⑨　右手の谷戸の奥に集落が見えます。

ここが「小谷戸の里」。田園体験区域の中心施設で、多くの市民のみなさんが、いきいきと活動しています。

道ばたにある三つの石碑をみてください。

よく田舎道にある道祖神のイメージなのですが、公園に神様はまつれませんから、何を彫るのか育む会の人たちと相談したのです。

その結果、碑文には舞岡憲章の一部「様々な生き物たちと共にあることを大切に」を、あとの二つには、ここに棲む生き物代表としてノウサギとフクロウ

■小谷戸の里・運営棟

■古民家・収穫祭のにぎわい

を彫りました。

あ、それとその脇に立っている看板も読んでいってください。舞岡公園でしていいこと、悪いことが簡潔に書いてあります。


では、「小谷戸の里」のなかに入ってみましょう。

この門は、さきほどの北の門よりもっとごついですね。

本当にこんなものはないほうがいいのですが、このなかの建物は全部木造で夜は無人、「里」とはいえ実は人里離れているのですから、防火防犯にはとても気を使いました。小谷戸の里の周囲を柵や門で二重にかこってあるのです。

建物の説明を簡単にします。門の脇がトイレ、これにつづくのが作業棟で、前面に張り出した長い下屋《げや》がよく作業場の感じを出しています。

さまざまな作業に実によく使われています。隣は事務局・会議室などがある運営棟で、田舎の役場風な外観にしました。

その前の広場も市民活動の場として広く活用されていますが、この下には瓜久保と同じく、排水の土壌浸透処理のための配管が埋まっていますのでやたらに掘ったりはできません。

小谷戸の一番奥が農家、さしずめ「舞岡さん一家」の屋敷という感じですが、これはもと東戸塚にあった金子家で、区画整理で解体するときに横浜市に寄付されたものです。

明治初期の建築ですが主な部材は昔のものを使っています。庭先にある納屋も茅葺きですが、こちらはまったくの新設です。いずれも火気を感知すると働く防火装置・スプリンクラーが設置されています。民家の裏に植えた竹林も立派になりました。柿の木はたくさん実をつけているでしょうか。

ちょっと足元の石を見てください。「一九九五→二〇九五年へ送る時間壷」と刻んであります。古民家の完成式の時、「育む会」はじめ参加者のみなさんが埋めた一〇〇年後へのタイムカプセルです。その隣は二〇一五年、つまり二〇年後へのものですから私も掘り起こしに立ち合えるかもしれません。

帰りは古民家裏の池からの流れに沿う道をとりましょう。

小谷戸池の斜面にお茶畑、むこうに炭焼き小屋が見えます。

小谷戸にはご紹介するものがまだありますが、大分時間をとりましたから先へ進みます。

二—六　谷戸をでるとすぐ大住宅地

コース⑩　この辺の農道ぞいはクワノキが多く、シーズンには赤い実を食べながら歩く人をよく見ます。

左側にある丸い自然石は星野富弘さんの詩碑で、「まいおかの会」の岡野富茂子さんが奔走して、ご本人の承諾を得てつくったものです。

谷戸の雰囲気によく合っている詩です。体のご不自由な富弘さんご自身にも、碑を見ていただく機会がくるといいのですが。

すぐ先の小高いところが「ねむのき休憩所」、以前ここに「まいおか水と緑の会」の作業小屋がありました。付近にはネムノキが多く、薄ピンクの花が霞のような眺めとなります。

「まいおかの会」が作っていた雑木林はこの上です。

対岸の丘が「ばらの丸」で、公園で一番先に整備された場所です。野外卓をおいた芝生広場としてつくったので、谷戸のなかに芝生?と不評でしたが、今は野外卓も腐って撤去され、芝も雑草に置きかわって原っぱになっているようです。自然は正直ですね。

コース⑪　田んぼを横切って「ばらの丸」へ行けますが、今日はまっすぐに主園路を進みます。

大原の谷戸の分岐点です。左の奥が舞岡川の源流、名も「おんどまり」といい、保護区のひとつになっています。池や柵でかこっているので、生き物もしっかり守られています。右の大原の谷戸も保護区ですが比較的開けているので、キジなどがよく観察できます。

コース⑫　「谷戸見の丘」へ上ってみましょう。

ここは工事のときに土を盛り上げたので、

■谷戸見の丘から田んぼを見る

ずいぶん高くなりました。

なぜそんなことをしたのかですって?

実はこの先に都市計画道路ができて、背後の木がなくなってしまう恐れがあるので、その前面に当たるこの丘を少しでも高くし、木も植えておこうと思ったのです。

谷戸から正面で、よく目立つところですから。

頂上につきました。振り返ってみてください。さっきいた田んぼがとてもいい眺めでしょう。だから命名は「谷戸見《やとみ》の丘」です。


コース⑬　南門が見えてきました。

「犬の連れ込み禁止」の看板がありますね。普通の注意は「犬は放さないで」どまりなのですが、ここにも、舞岡では、いかに野生動物を気づかっているかが表れています。

でも「犬禁止」に踏み切るまでには、法的根拠を問われたらどうするのかとかの議論もあったのです。主旨が理解されればルールは守られるもので、いまでは看板わきの「犬つなぎ棒」がよく利用されています。

門を出た左が「さくら休憩所」で、道路をへだてた向こうは港南区です。

コース⑭　ここまでくると谷戸からは離れ、以前の造成地なので、いきおい人工的な施設整備がされた区域になります。

舞岡公園のなかでは唯一まとまった平地の広場もあります。植えたケヤキの木も大きくなって「けやき広場」の名前がふさわしくなってきました。右の建物が市職員のいる管理棟です。職員は四人ほど配置されていて、施設の維持補修などの日常管理に当たっています。

コース⑮　もうバス停が見えてきました。「京急ニュータウン」です。舞岡公園を出たとたんに、このように大きい住宅地です。舞岡公園が開発の波をくいとめた砦だということを実感する場所ですね。

舞岡谷戸はまさに「市街地にかこまれた別天地」なのです。ご一緒してきた公園歩きも、ここが解散地点になります。戸塚駅までバスで二〇分ほどで出られます。お気をつけてお帰りください。

二―七　里山の活動へあなたも

「舞岡公園」はいかがでしたか？　ひととき、ふるさとへ帰った気分を味わってもらえたでしょうか？

今日の説明は整備した内容が中心になりましたが、舞岡公園の特徴は、整備工事の終わりが公園づくりの終わりではなくて、公園づくりは今後の利用のなかでずっとつづいていく、ということです。田んぼや雑木林づくりをとってもわかりますね。

そして、その担い手は市民です。


その市民活動の様子を簡単に紹介しておきましょう。

横浜市から委託を受けて、この小谷戸の里をはじめ田園体験区域の運営にあたっているのは「舞岡公園田園・小谷戸の里管理運営委員会」です。運営委員会は、有識者・舞岡ふるさと村推進協議会長・近在の小学校長・幼稚園長・保育園長・町内会長・他施設関係者など二〇名ほどのみなさんで構成されています。日常の事務処理には、運営棟に置かれた事務局が専任の事務局長と一〇名ほどのスタッフであたっています。

田んぼ、雑木林をはじめ年間にわたっておこなわれている多彩な活動を支えているのは

舞岡公園運営のしくみ（概略）

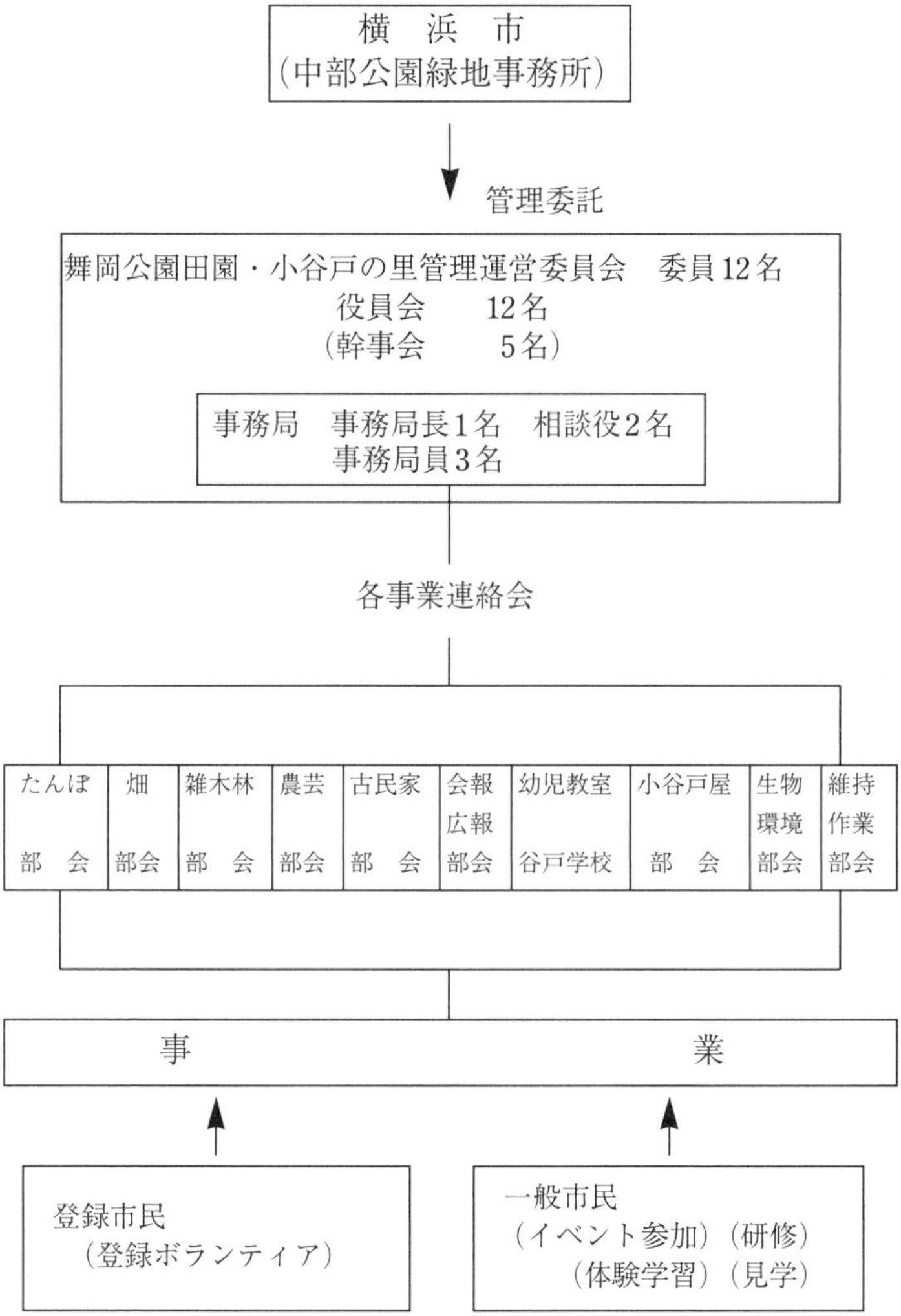
横　浜　市
（中部公園緑地事務所）
管理委託
舞岡公園田園・小谷戸の里管理運営委員会　委員12名
役員会　12名
（幹事会　5名）
事務局　事務局長1名　相談役2名
事務局員3名
各事業連絡会
たんぼ部会
畑部会
雑木林部会
農芸部会
古民家部会
会報広報部会
幼児教室谷戸学校
小谷戸屋部会
生物環境部会
維持作業部会
事業
登録市民
（登録ボランティア）
一般市民
（イベント参加）（研修）
（体験学習）（見学）

自然観察会＊4	古民家に集い楽しく体験＊5	
どなたでも市民みんなが参加できます		
春の野の花（4/21） 10:00～		花見茶屋（4/6） （古民家の庭に鯉のぼりが泳ぐ）
雑木林に入ってみよう （5/19）13:30～	★茶摘み（5/4）	端午の節句 昔遊びができます（5/5） （竹馬、独楽まわし　他）
初夏の谷戸（6/16） 13:30～ ★夜間観察会	★梅干し作り（6/4） ミニ観察会（6/15）	★田植え体験（6/2）
水辺の生きもの （7/21）10:00～ ★夜間観察会	★竹細工（7/14） （一輪ざし）	★こども炭焼き教室（7/27） （古民家に七夕の笹飾り）
田んぼの世界 （8/18）10:00～ ★早朝観察会	★わら細工（8/25） （草履）	★古民家宿泊体験（8/1・2） ★肝だめし（8/3） ★こども炭焼き教室（8/10）
谷戸観察ウォーク （9/15）10:00～		十周年記念事業 「古民家結婚式」 ★お月見会（9/22）
秋の里山（10/20） 13:30～		★稲刈り体験（10/6） ★囲炉裏端講演会（10/20）
木の実・草の実 （11/17）13:30～	★わら細工（11/3） （鍋敷き） ミニ観察会（11/　）	収穫祭（11/23） すす払い
バードウォッチング （12/15）9:00～	★ミニ門松作り（12/14） ★わら細工（12/15） （正月飾り）	かいぼり（12/1） ★鏡餅作り（12/22） 大掃除（12/23）
バードウォッチング（1/11）9時～ 冬の雑木林（1/19） 13:30～	★竹細工（1/19） （凧作り）	七草がゆ（1/　） さいと焼き・まゆ玉作り （1/　）　（1/13）
バードウォッチング（2/11）9時～ 谷戸の目覚め （2/16）13:30～	★紙すき（2/2・2/9・2/16）	豆まき（2/2） 甘酒デー（　/　） （古民家に雛飾り）
バードウォッチング（3/9）9時～ 早朝の里山（3/16） 13:30～	★わら細工（3/2） （鶴と亀） ミニ観察会（3/　）	ひな祭り（3/1） ★こども炭焼き教室（3/22） 十周年記念事業（3/　） 「こども谷戸祭り&ウォークラリー」

平成14年度（2002年度）年間計画表
谷　戸　ご　よ　み

月	田んぼ＊1	畑＊2	雑木林＊3
	登録用ボランティアが中心の作業（ですが、どなたでも参加できます）		
4	田おこし 苗代づくり 種まき	さつまいも種芋伏込み 里芋の種芋植え付け 長ねぎ・ポップコーン畝作り	林の現場歩き 炭材作り（4/21） 炭焼き（4/27・28）
5	田おこし 畦塗り 代かき	落花生種まき ポップコーン種まき さつまいも苗植え付け	草刈り 林の手入れ
6	苗取り・田植え 田の草刈り 畦・土手草刈り	さつまいも苗植え付け 玉ねぎ・じゃがいも収穫 草取り　他	炭材作り（6/9） 炭焼き（6/15・16） 林の手入れ　他
7	田の草刈り 畦・土手草刈り	草取り ミニトマトにネット掛け さつまいも苗床撤去	夏の草刈り大作戦 (7/7・14・21:10時～) (7/28：7時～)
8	畦草刈り ネット掛け	人参の種まき ポップコーン収穫 草取り、手入れ	夏の草刈り大作戦 (8/4：7時から) 林の手入れ
9	★案山子まつり ヒエ抜き・畦草刈り 水抜き	大根の畝作り・種まき 草取り、手入れ	炭材作り（9/1） 炭焼き（9/14・15） 林の手入れ
10	稲刈り・稲架掛け 脱穀・ネット収納	さつまいも収穫 堆肥の切り返し 手入れ　他	草刈り・間伐・除伐 炭焼き（10/12・13）
11	脱穀 籾摺り・精米 田おこし	さつまいもの種芋保存穴補修 里芋の収穫 落花生の収穫　他	収穫祭準備 間伐・除伐
12	水路・畦補修 かいぼり	さつまいもの種芋保存 畑周辺の手入れ 漬物用大根収穫	間伐・除伐 落ち葉かき (12/15)
1	堆肥入れ	荒起こし 畑周辺の整備 柿の木の手入れ	林の手入れ 雑木林の集い (1/13)
2	堆肥入れ	堆肥のすき込み 畑のお疲れ様会 堆肥の切り返し　他	林の手入れ 間伐・除伐 植林準備
3	田おこし 畦・水路補修 塩水選	じゃがいも種芋植え付け さつまいもの苗床作り ごぼうの種まき　他	植林（3/2） 道具の手入れ

＊6:この他、事前登録制の年間を通じた事業として、「こども谷戸学校」、「幼児教室」、会のスタッフ養成講座「舞岡公園谷戸学校」を実施。
★は、事前申し込みが必要。問合せ先045-824-0107

四〇〇名におよぶ登録ボランティアの方々です。登録者の中から、活動歴その他の要件を満たす方が「指導員」となり、作業の技術指導や活動計画づくりの中心となっています。この「指導員」の養成を主目的に設けられているのが「谷戸学校」で、一年間の座学と実習を通して、谷戸を守り、生かしながら、後世に伝えていくための技能と知識を身につけるようになっているのです。

活動内容をみますと「田んぼ」「畑」「雑木林」「古民家」「自然観察会」などが主なもので、年間の延べ参加者数は一万四六〇〇人に上っています（二〇〇二年度）。

お近くの方は、ぜひ公園の活動に参加してください。水とみどりと土を相手に、いい汗を流してみませんか。

舞岡公園の事務局の電話は、〇四五-八二四-〇一〇七です。

第二部――横浜らしさの系譜

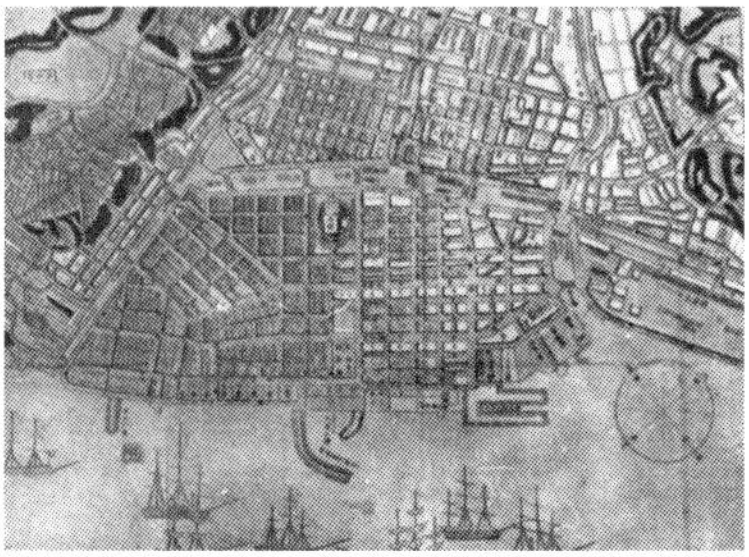

明治26年1月出版
「絵入名所改正横浜新図」より

一章　横浜は公園発祥の地

これまで紹介してきた舞岡公園はとりわけ異色の存在であるが、ほかにも横浜の郊外部では近年、古民家や雑木林を中心とし、里山の景色を生かした公園がいくつかつくられている。

「それがなぜヨコハマで?」という問いに対しては、横浜独特の都市形成や公園の歩みを知っていただくことがよいと思う。

私は、一九六〇年代のはじめごろ横浜市に入り、この都市の現代成長期を共に過ごしてきた。そこで私自身の歩みと重ねあわせながら、横浜ならではの公園づくりのあとをしばらく振り返ってみたい。

■上＝観光客の絶えない山下公園・氷川丸
■左＝ランドマークタワーと日本丸

一　ハマの公園屋へ仲間入り

私がはじめて横浜の土を踏んだのは大学二年のときである。地形学の演習で「砂嘴《さし》の形成」について学ぶため、横浜を訪れた。

京浜東北線の終点だった桜木町を下りて弁天橋のあたりにくると、大岡川河口に浮かんでいた無数のダルマ船や、造船所（三菱ドック）の空に動いていた大きなクレーンが印象的だった。ここは今は「みなとみらい21」という新しい横浜の顔となり、日本一の高さを誇る「ランドマークタワー」がそびえている。

横浜の砂嘴というのは、本牧台地の東端から桜木町の東側までのびていた。埋立地にくらべて地盤が安定していて、ニューグランドホテル・外国商社などのビルはその上に建ったので、埋立てによって元の地形が消えても砂嘴の位置がわかるという説明を、「山下公園」で地形学の川崎逸郎先生から聞いた。

この砂嘴を作ったのが本牧岬から磯子へと続く海蝕崖《かいしょくがい》であると教えられ、「三渓園」の外れまで行って、荒々しく波の打ち寄せる海蝕洞をのぞき込んだ。いまそこは、埋立ての後につくられた「本牧市民公園」となり、同じ水面ながら崖にそった静かな池となってい

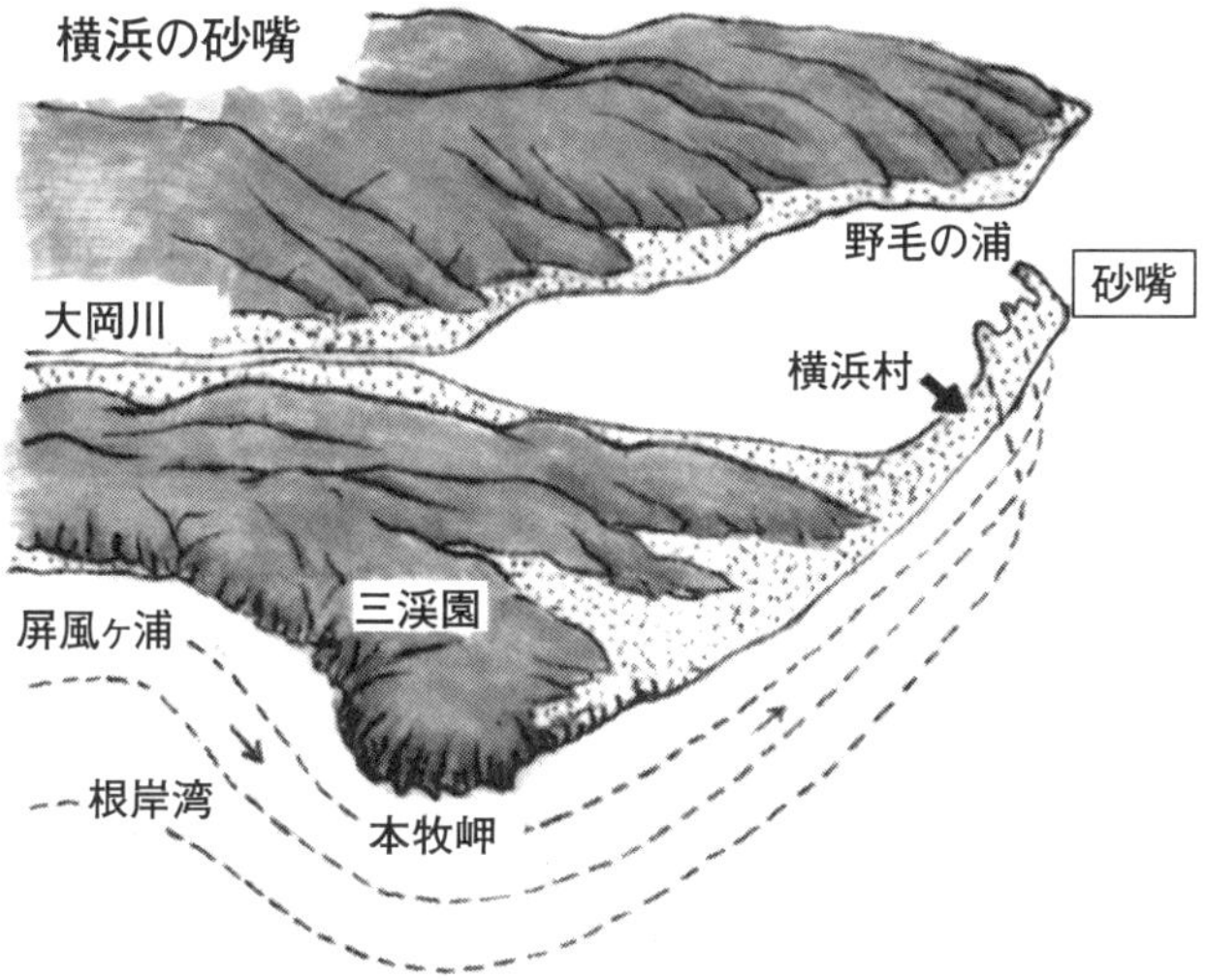

■砂嘴の形成

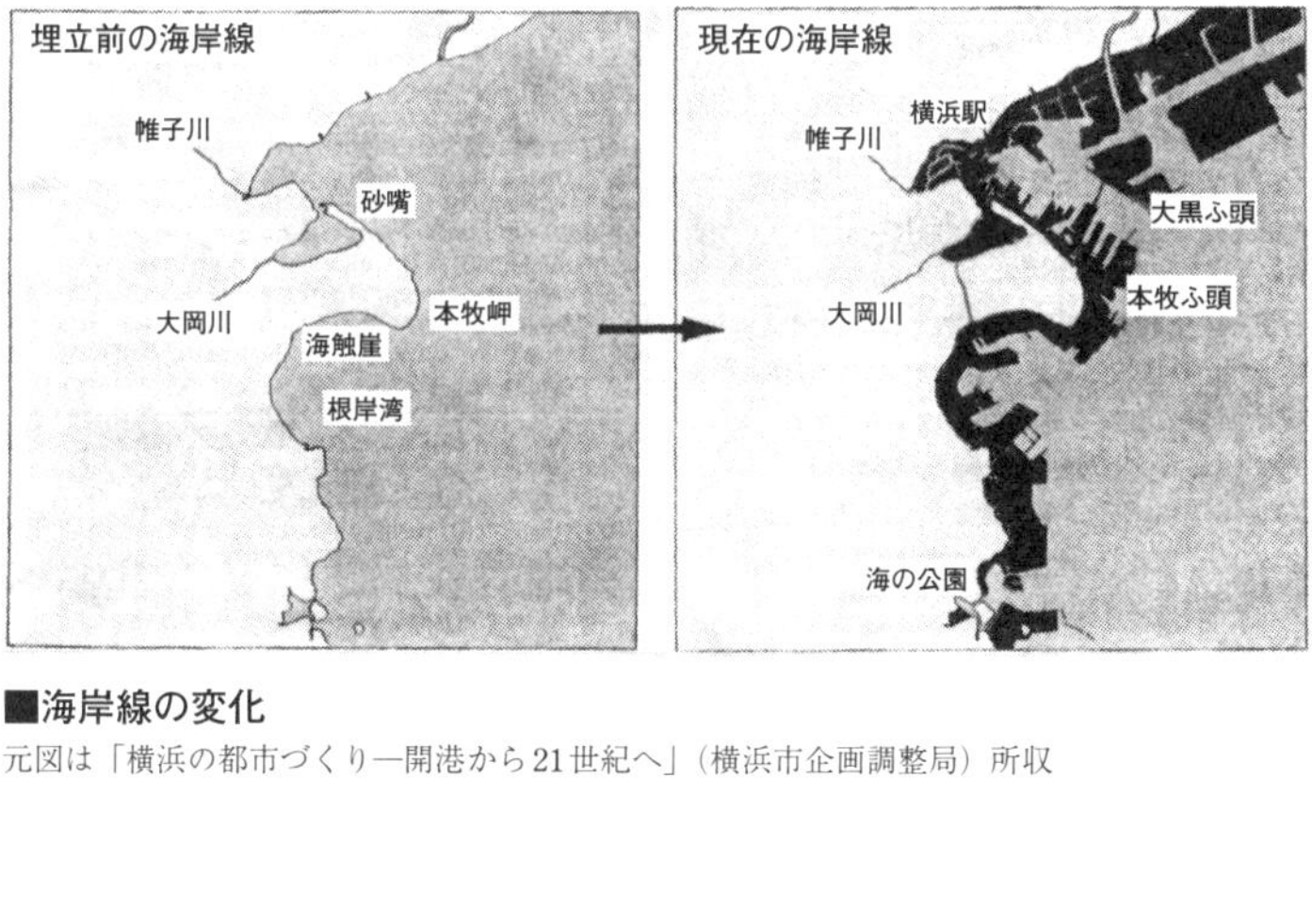

■海岸線の変化

元図は「横浜の都市づくり—開港から21世紀へ」(横浜市企画調整局)所収

る。

横浜が開港場となり、居留外国人の要求によって一八七〇（明治三）年に「山手公園」が作られた。これがわが国最初の洋式公園である。つづいて七六年、当時「彼我《ひが》公園」と呼ばれた「横浜公園」が生まれた。これらのことを近代造園史のなかで私は学び、公園発祥の地として記憶された「横浜」には、造園学徒として特別の思いを寄せていた。

私が造園学を学んだのは千葉大学園芸学部造園学科。造園学科のなかには研究室が四つあったが、実は私は、街づくりや都市公園にあまり目が向かず、研究室卒業生の進路のひとつにあった「国立公園のレンジャー」になりたくて、謹厳さで鳴る小寺駿吉教授の「風景計画」を選んだ。

だが、レンジャーの試験の前、たしか六月ころの早い時期に、横浜市から特別選考で一人採用したいという引合いがあった。特別選考というのは大学教授の推薦で、面接だけの無試験で採用が決まるという、今はない制度である。

国家公務員で地方の転勤生活を繰り返していた父は、居住の安定した近間の自治体勤めをしきりに私に勧めた。迷っている私に、小寺教授が言った言葉をいまでも覚えている。

「君、レンジャーだけが仕事じゃないよ。横浜市はこれからだ。将来、建設局長でも何にでもなって、バリバリ公園づくりをすればいいじゃないか」

結果的には、局長どころか係長にさえならなかったのだが、その時の私は、ともかく、教授の推薦状を持って、東京・蒲田から京浜東北線に乗り二度目の桜木町駅へ降りたった。

翌一九六三（昭和三八）年四月一日、関内のレンガづくり市役所へ初出勤。このころの関内は根岸線の開通前で、関内駅はまだ開業しておらず、一帯はまだ長期に及んだ接収の名残りをとどめる空き地が目立っていた。

市職員になると「職員手帳」というのをもらう。その第一ページを見て私は「横浜市歌」なるものの存在をはじめて知った。ハマっ子なら小学校で教わり、学校行事ごとに歌っているからみんな知っている。

有名な森鴎外の作詩・南能衛作曲で一九〇九（明治四二）年の制定というから歴史は古い。全国どこでも校歌をもたない学校はまずないが、市の歌をもち、しかもそれが市民に親しまれて長く唄いつがれた例は、他ではまれだそうである。市役所では、毎日この曲がチャイムとなって正午を告げる。手帳を開けば歌詞、だから新入り職員もアッという間に覚えてしまって、にわかハマっ子の仲間入りとなる。

されば港の数多かれど
この横浜に優《まさ》るあらめや
むかし思へば苫屋《とまや》の烟《けむり》
ちらりほらりと立てりし処

市歌の二番では、開港前の横浜村の情景を唄っている。静かな入江と青松と白帆と。点在する戸数わずかに一〇一戸の半農半漁の寒村が、三五〇万人を超えた「横浜」の一世紀半たらず前の姿なのである。

「苫屋の烟　立てりし処」は、私がはじめてこの横浜の地を踏んだときに川崎先生が教えてくれた、あの砂嘴である。海に突き出た砂嘴の浜が横たわっているから「横浜」なのである。

黒船で再来航したペリーが上陸し、日米和親条約が結ばれたのも同じ横浜村であった。開港にあたって急造された新しい町は、それから周辺の村や町を吸収して市域を拡張しつづけ、ずっとにぎわいのあった東海道の宿場・神奈川も保土ケ谷も「旧横浜村」の一行政区に取りこんでいった。

後年、私は内陸部の谷戸を舞台にした里山公園づくりの仕事を通じて、そこがいわゆる

「ミナトヨコハマ」とは異なる風土であり、別の歴史を持った地であることを実感した。

幕末の開港場に横浜が選ばれたことが、苫屋の烟たつ「横浜村」をハイカライメージの「ミナトヨコハマ」に変えるとともに、これとは別の顔をもつ農村地帯である内陸部の町村も、同じ「横浜」の名で呼ぶことになったのである。

一―二　設計はタイガー計算機回して

さて、私の配属先は計画局計画部公園課。「造園職」の職場は限られているから、この時から退職するまでの三七年間、私はずっと公園とみどりの仕事をしつづけた。公園課には管理・保繕・建設の三係があり、出先事務所はまだなかった。

私の入った建設係は、新しい公園の設計・施工が職務だったが、設計はすべて直営でやった。まず測量から自前。平板・レベルなどを分担してかつぎ、時には市電に揺られて現地へ行く。測量が終わると平面図づくり、遊具なんかも自分で設計をする。いまはこういう過程はすべて外注になっているが、なんとものんびりした時代だった。文書づくりは、少し前まではガリ版印刷か、カーボン紙で設計書を複写していたと聞いたが、私のときには湿式コピー機が入っていた。電卓はまだなくて、タイガー計算機とそろばん片手だった。

だんだんに仕事を覚えていくと、まず児童公園の設計を一人でやらせてもらえる。児童公園の設計対象は主に、戦災復興の区画整理事業によって生み出された公園用地であった。就職の年に「反町公園」が開設され、整備工事の追込み中で、技術職員総出で現場事務所に詰めていた。ロケットコースター・釣り堀など、遊園地の感じに近く、京浜東北線の窓からよく見えるので、開園のときはたくさんの人が集った。なぜ近隣公園にコースター？であるが、ドリームランドも読売ランドもなかったころだから、公園にもこんな施設を置いて市民に楽しんでもらおうというわけだったといいほうに解釈しておこう。

「反町公園」は、戦後も間もない一九四九（昭和二四）年に貿易博覧会の会場となったところで、その後市役所になっていたが五九年になって、市役所が現在地へ移ったため跡地が公園化されたものである。だがその後、公園はいくどか改修工事がおこなわれて、いま当初の面影はまったくない。区役所に隣接した神奈川区の中央公園的存在になっている。よくひとから「技術屋さんは自分の作品が永久に残るからいいですね」などと言われるが、そうとは限らない。公園も時間とともに姿を変えていく。反町公園は時代によって役割を変えた典型といえるが、当初の公園設計に力を注いだ先輩が今の姿をみたらガックリするかもしれない。

また、六二年には、遊覧バスのたち寄る観光名所のひとつ、「港の見える丘公園」が誕

横浜市公園位置図

昭和38年

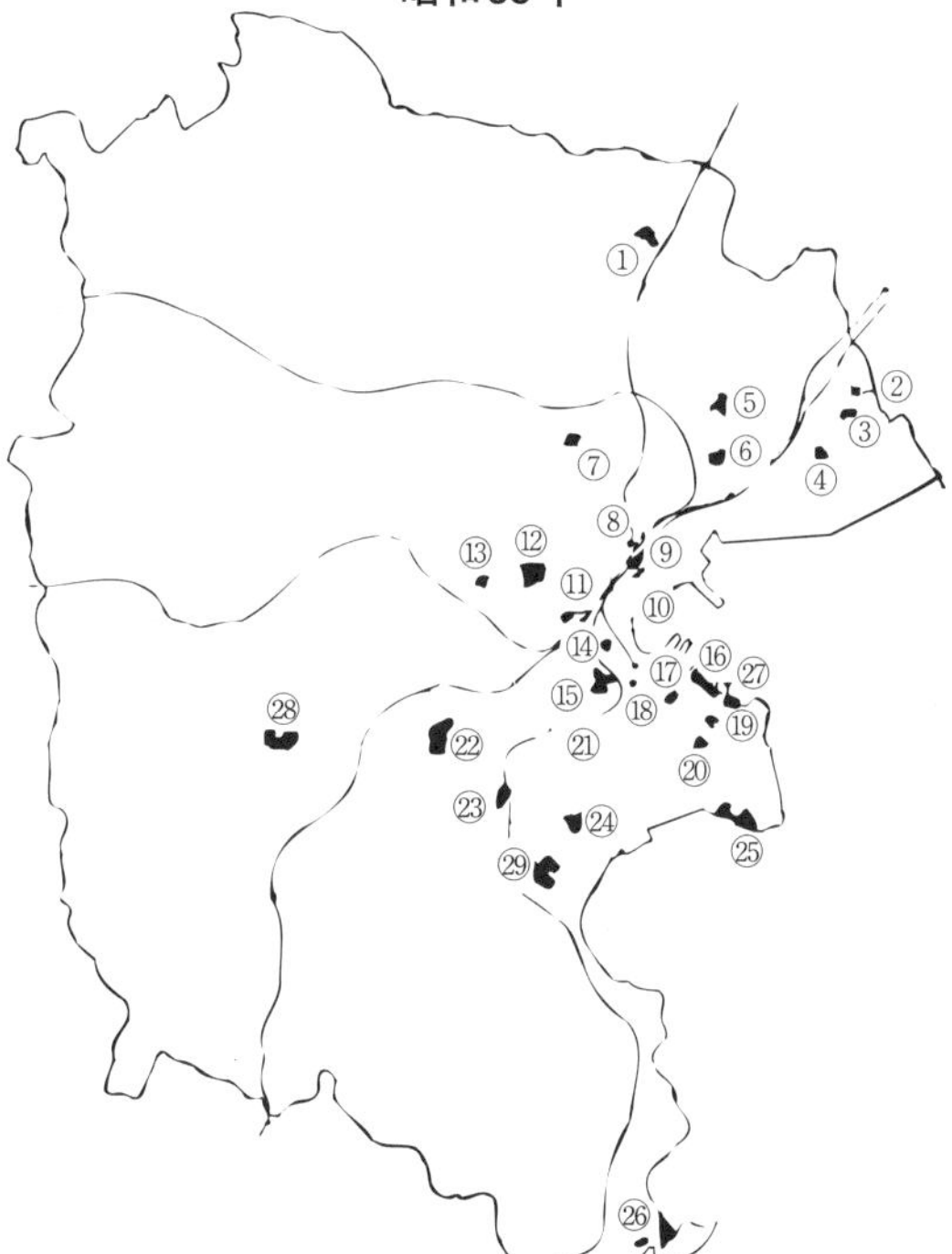

① 網島公歯
② 栄町公園
③ 潮田公園
④ 小野公園
⑤ 白幡公園
⑥ 神ノ木公園
⑦ 山王公園
⑧ 反町公園
⑨ 幸ヶ谷公園
⑩ 神奈川公園
⑪ 岡野町公園
⑫ 三ツ沢公園
⑬ 常盤公園
⑭ 掃部山公園
⑮ 野毛山公園
⑯ 山下公園
⑰ 横浜公園
⑱ 福富町西公園
⑲ 元町公園
⑳ 山手公園
㉑ 蒔田公園
㉒ 横浜市児童遊園地
㉓ 弘明寺公園
㉔ 岡村公園
㉕ 本牧臨海公園
㉖ 野島公園
㉗ 港の見える丘公園
㉘ 希望ケ丘公園
㉙ 屏風ケ浦公園

(1963「公園施設」より)

生している。戦後流行した「港が見える丘」のメロディーを流しながらの開園式だったそうである。

このように新しいタイプの公園もボツボツつくられていたが、私の入ったころ、横浜市の公園は本当に少なかった。みどりの保全策もないにひとしかった。まだ郊外部の大規模な開発はされていなかったから、その必要がなかったこともある。

当時の公園配置図を見ると、公園位置を示す緑色は旧七区（鶴見・神奈川・港北・中・南・保土ケ谷・磯子）内に点在し、ずっと離れて金沢区に「野島公園」がポツンとあるきりだ。そこに示されているのは、次のような公園たち、数こそ少ないが、どれも横浜市史の一場面を秘めていて、それぞれ一冊の公園小史をつづることができる。

都市公園には数えないが、横浜の名園として名高い原富太郎氏寄贈の「三渓園」、幕末の大老・井伊直弼の巨大な銅像のたつ「掃部山《かもんやま》公園」と保土ケ谷区にある「常盤《ときわ》公園」は、ともに寄付によって公園となったもの。山手居留地の歴史を語る「元町公園」、いまは市街地のなかの動物園として知られた「野毛山公園」、戦時中に防空の必要性から設けた防空緑地を起源とする公園群、「弘明寺《ぐみょうじ》」「綱島」「神ノ木」「岡村」などなど。

横浜の公園史は受難の歴史でもある。一九二三（大正一二）年、関東大震災では全市の公園が壊滅・廃墟となった。この震災復興事業で、ガレキを埋めてつくったのが「山下公園」である。

大戦中は、岸根・岡村・野毛山などの公園は高射砲陣地とされ、戦後は「横浜公園」「山手公園」「元町公園」など多くの公園が米軍に接収された。それは全公園の六〇パーセントにのぼったと言われる。「山下公園」には米軍将校の宿舎が建ち、返還が終わったのは五九（昭和三四）年のことだった。

接収が解除されてもすぐに自衛隊が肩代わりして、公園配置図に記入されていても市民が使える状態ではないところが、私が入った時ですら残っていた。

一―三　プール開場すると公園課がカラに

古い公園は、老朽化や時代による人々の公園施設への要求の変化などで、時に大幅な作り替えがあり、施設の増・改修がある。私がさっそくにした、この種の経験はプール造りである。

私が入ったころは埋立事業も進んでいて、横浜の自然海岸線は急速になくなっていこうとしていたから、既設公園のなかに、プールを年に数か所ずつ計画整備していた。工事がたいへん遅れていた「弘明寺公園」に私は派遣され、突貫工事の工事監督補助の仕事にあたった。引き続き、ひと夏同じプールの責任者を務めて水難事故の心配に神経をすり減らし、胃を壊す始末だった。

当時公園プールは、水面監視・水質管理・料金徴収みんな市職員自身の手でやるため、職員はほとんど現地に出払って、部屋がカラになるという状況だった。

一九七六（昭和五一）年にいたって、プール管理業務の受け皿づくりを目的のひとつとして「公園協会」（現・緑の協会）が設立され、以後、夏場の本庁舎に業務停滞が生ずることはなくなった。プール建設はその後もつづき、現在市営公園プールは約三〇か所にのぼっている。

またこの時期、整備をつづけていて私がかかわった大きな公園に「本牧臨海」「野島」「横浜市児童遊園地」の三つがある。「本牧臨海」は文字通り本牧の海に面していて、例の荒波打ちつける海蝕崖の上に「飛び込み防止」の立札があるようなところだった。今は埋立地に新たにできた「本牧市民公園」と地続きになり、「臨海」は名に残るだけである。この公園は都市計画区域としては三渓園まで含む広さがあるが、実体は「八聖殿」という八角形をした風変わりな施設が中心になっている。測量の仕事の合間になかをのぞいてみると、八聖の像が並んでいる。キリスト、ソクラテス、孔子、釈迦、聖徳太子、弘法大師、親鸞、日蓮の顔ぶれが、一列に並ぶさまは少し奇異な感じを受ける。昭和の初期に市に寄

■本牧臨海公園の八聖殿

贈されたもので、今は資料館になっている。

「野島公園」は、海から飛び出したようなこんもりした山になっており、山上に展望台がある。戦時中は海軍が高射砲陣地をつくっていたようだ。山の下をくり抜いて大きなトンネルがあったが、それを滑走路にして軍機が飛び立つためのものだと聞かされた。公園の開設は五六年、戦後になって横浜市が臨海公園の計画をたて、年数をかけてやっていた。公園前面の海岸は、いまや市内に残った唯一の自然海岸で、これに面したキャンプ場もある横浜らしい公園のひとつになっている。標高五四メートルの急峻な山に、頂上への道をつけていたころを思い出す。

一四　小学生が小遣いだし合ってつくった公園

変わった沿革をもっていたのは横浜市児童遊園地である。児童遊園地というと、メリーゴーランドだとか観覧車なんかを連想する。私もそう思った。しかし「横浜市」を冠したここにはそのような施設はなく、雑木林が主体である。

一九二二（大正元）年、学制公布五〇周年記念として、横浜市の小学生が自然のなかで健全に遊べる場を設けようという目的で、保土ヶ谷の山林を、子どもたちの小遣いを出し合って買ったというのである。二九（昭和四）年に樹林にかこまれた運動場や大宿泊場が完成し、小学生の遠足地として親しまれた。

戦後、ここは英連邦墓地として接収されてしまい、代わりとして隣の敷地を確保し、六一（昭和三六）年に作り直した。私が入った当時、池とか運動場とか、かなり格好がついていたが、ひきつづき園路をつくり替えたり、小学校の教科書に出てくる植物の見本園をつくったりした。いく種類ものカエデを集めてカエデ園も作ったが、最近ではここもつくりかえられて、当時の名残りのカエデがちょっと見られるだけになった。

私が横浜市に入った翌年が、東京オリンピックの年であった。あの華やかな女子バレーの予選が、横浜の文化体育館でおこなわれて、私はそこの駐車場係をやった。

そのとき横浜市にはサッカー競技の会場も割り当てられて、それは「三ツ沢公園」でおこなわれた。オリンピック成功のために、旧施設を壊して四方に広いスタンドを持つ球技場を建設するほどの力の入れようだった。

新幹線が開通し、東京に首都高速道路ができて、それから東京が一気に近代都市へ姿を変えていったエポックのときだったし、横浜でもそれが始まっていく時期にきていた。

二章　人口爆発時代の公園づくり

一九六六（昭和四一）年に機構改革があって、それまでの公園課が公園部になり、公園や街路樹の管理を担当する出先の公園管理事務所がふたつできた。市域の北半分を見るのが、「三ツ沢公園」のなかに置いた北部方面公園管理事務所、南半分を管理するのが「山下公園」に置いた南部方面公園管理事務所である。

私は北部の所属となり、「三ツ沢公園」に移った。

二―一　六年生には知名度抜群の三ツ沢競技場

この「三ツ沢公園」も起源が戦前にさかのぼる公園のひとつである。一九三六（昭和一一）年ごろ、明治時代からのいわくつきの「一県一社」という国是により、神奈川県では三ツ沢・豊顕寺《ぶげんじ》の南の地を選定、四二年に社殿造営工事に着手した。公園は護国神社外苑の意味ももたせてつくることになったものの、戦争の逼迫によって不急の事業として中断させられた。

神社のほうは四五年春、ほとんど竣工というところで五月二九日の横浜大空襲で焼失してしまい、戦後は逆に、境内地は公園とするため県から市へ譲渡された。この護国神社があったあたりにいま、変わった形の塔がたっている。向き合った二本のコンクリート塔の左側が途中で欠けているのでひどく目立つ。これは横浜市の戦没者慰霊塔で、欠けたほうは「昭和二十年」と書いてあるように、敗戦日本の象徴、左のまっすぐなのは新生日本の伸びゆく姿を示したものだという。毎年秋に戦没者追悼式がおこなわれているが、なんとなく護国神社跡地の感じが残るようなところである。

■三ツ沢公園の戦没者慰霊塔

この護国神社跡地に寄付地・買収地を加えた、二九・七ヘクタールが運動公園となる。時代が時代だから整備工事は簡単にいかない。

五五年（昭和三〇）の第一〇回神奈川国体のメイン会場づくりのときは、山あり谷ありの土地を人の手でならすのでは間に合わないと、米軍のブルドーザーを借りてきてやったという苦労談が残っている。

陸上競技場は、陸連の公認を取得するため、五年に一度改修しなければならない。最小限の改修だから、施設の老朽化はどんどん進む。八一年、全国高校総合体育大会の折に、陸上競技場や管理棟の大改修がおこなわれた。車社会に対応して駐車場をつくり、外周道路を整備したりして、私がここを去るころに、ようやく公園も落ち着きを見せてきた。

ワールドカップ決勝戦会場となった総合競技場を含む「新横浜公園」が完成すれば、そちらにメインの座を譲ることになるが、永らく横浜市で、運動公園といえば「三ツ沢」と県立の「保土ヶ谷公園」くらいのものだった。

全市の市立小が参加する小学校体育大会は、毎年決まって「三ツ沢」で開かれ、六年生はみんなやってくる。本物の競技場の土を踏むのは子供たちにとって強い印象を残すようで、「三ツ沢公園」は、横浜の子供たちには「野毛山動物園」なみの知名度があった。

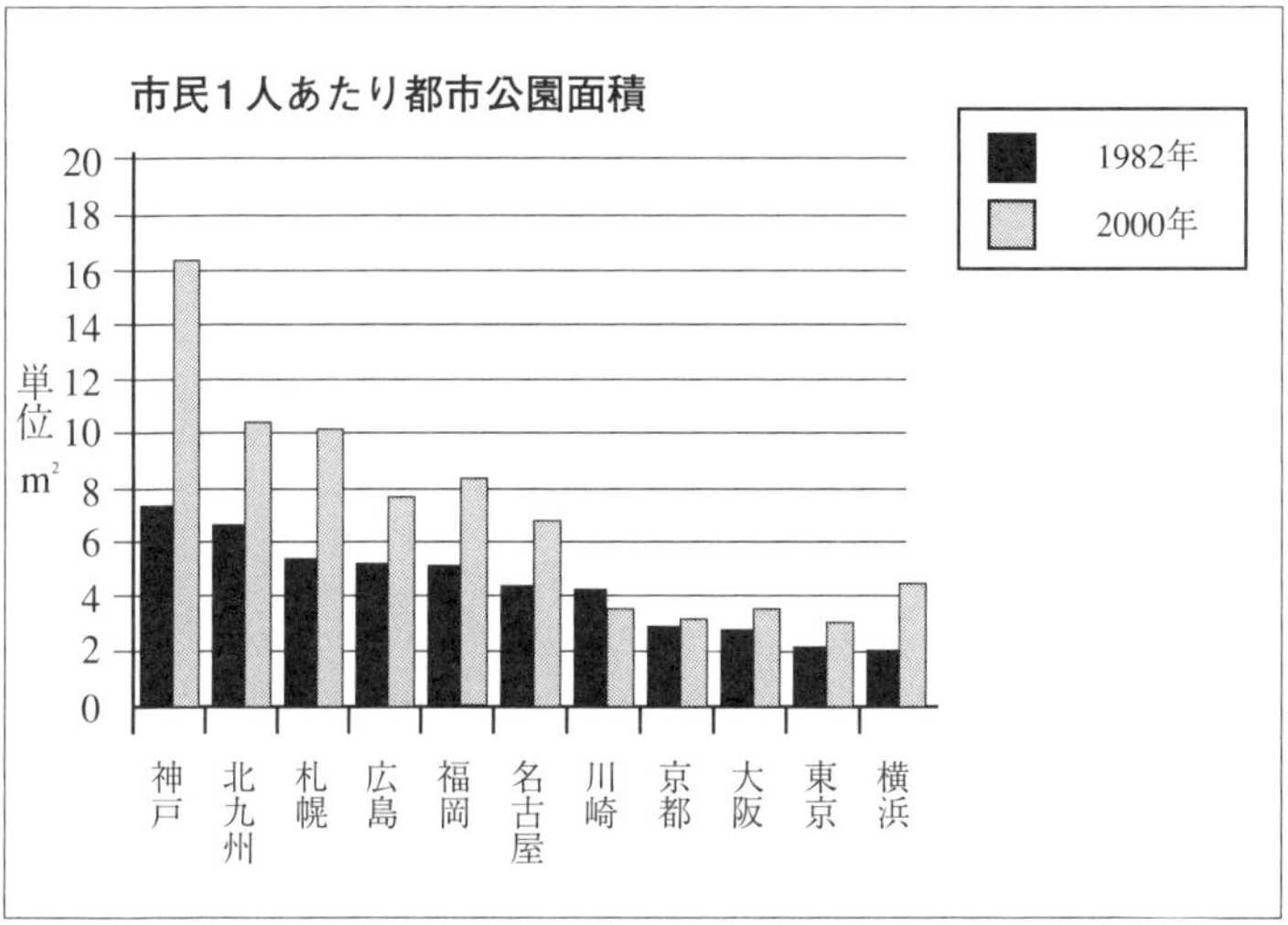

■政令都市最低だった公園整備率

二―二　ハマの公園屋大車輪

横浜の都市としての急進展ぶりは他に類を見ないのではないだろうか。一九五一（昭和二六）年に一〇〇万都市となってから人口二〇〇万人を突破するまで二〇年かからなかった。さらに一〇〇万人を上乗せするのに要したのはわずか一五年である。

こんな爆発的な現象の前で、都市設備が後追いになるのはある意味では当然だった。みどり確保のひとつの指標になっている「市民一人当たりの公園緑地の面積」において、大都市のなかで横浜市が最低だったのも仕方がない。でも担当部門としては、仕方ないと言って手をこまねいているわけにはいかない。横浜市の公園屋は大車輪の奮闘をした。毎年造園職がまとまって採用された。私が入った少し後の六七（昭和四二）年の名簿をみると造園職は三一人（うち女性一人）いたが、いまは緑政局だけで一一六人を数える。とくに女性陣の増加が顕著で、はじめ柴嵜さん一人だけだったのが今では三一人になっている。

私が三ツ沢公園の管理に没頭している間に、新たな公園が次々とつくられていた。まずは開発行為にともなう提供公園で、開発要綱によってデベロッパーに一定面積の公園を設置させるのである。公園の生まれるルーツのひとつで、街区公園が主体であるが、これが数の上では大きかった。数が増えても、開発すればするほど山林が減り、市街化されたなかに小さい街区公園が多数生まれることだから、いちがいに喜べないのだが、「公園緑地配置図」上の緑の点々はたちまち全市域に拡大していった。

大きい公園も連続的に開設されていった。六九年、本牧地先《ちさき》埋立事業によって消えた海の代償と称して作られた「本牧市民公園」一〇ヘクタール、大きい市民プールも隣接してある。

七一年「岸根《きしね》公園」一二ヘクタール、この公園は四〇年に運動公園として計画され、戦時中は防空緑地の役割も果したが戦後は長く米軍に接収され、ベトナム戦争のころは野戦病院にされた。戦死体がヘリコプターで運びこまれ、松葉杖の傷病兵が歩き回っていた事実は、きれいに整備されたいまの公園からは想像もできないだろう。ほかに「久良岐《くらき》公園」

■根岸森林公園

（二二二ヘクタール、七三年）、「富岡総合公園」（二二ヘクタール、七五年）、「根岸《ねぎし》森林公園」（一八ヘクタール、七七年）など、この時期たくさんの公園がつくられた。

今日、横浜市のもつ大規模・広域公園は、「舞岡公園」のほか「こども自然公園」「金沢自然公園」「横浜動物の森公園」の三つがある。まず、「こども自然公園」（四六ヘクタール・七二年公開）。五七年に計画決定されたもので、以前は「大池」と呼ばれた溜池と雑木林が主体の公園である。園内には、ヤギやウサギ、アヒルといった家畜や小動物を集めた「万騎ケ原ちびっこ動物園」や「青少年野外活動センター」などがある。

「金沢自然公園」は五七ヘクタールの広さ

をもち、動物区・植物区に分れるが、動物区は世界の希少草食動物を大陸別に展示しており、「金沢動物園」と呼称している。九二（平成四）年建設が完了した。私はここでは区域の変更のための都市計画作業に関わっただけだが、長い年月をかけての建設業務には大勢の造園職の仲間達が苦労している。

ついで「横浜動物の森公園」は「金沢自然公園」と似た経緯をたどっていま建設の途上にあるが、スタートしたのは古い。計画面積一〇〇ヘクタールの広域公園として計画決定されたのは八四（昭和五九）年にさかのぼる。それ以来、一五年の歳月をへて、九九年四月、「よこはま動物園（愛称ズーラシア）」として一部開園にいたった。

なお、新動物園に役目を引き継いで廃止するという方針の出ていた「野毛山動物園」は、市民のねばり強い存続運動の結果残されることとなって、横浜市は中心市街地と郊外部に合わせて三つの大きな動物園をもつことになった。

二―三　幼い字のお礼状

こうした大きな公園にくらべ、街なかに市が独自に計画し用地買収しての公園づくりという面が弱い時代がつづいた。

中小の公園でも買収には莫大な金が要る。それまでの横浜市としては、爆発的な人口増のもとで下水道、道路、学校など都市基盤の整備に追われ、公園でも規模の大きい都市基幹公園の開設に重点を置かざるを得なかったであろう。

私は一九八五（昭和六〇）年に計画課に移ったが、このあとになると、買収などによる街なかの住区公園設置も進みはじめた。用地を紹介してくれる人がいたり、自ら地主さんが公園にしたいと言ってくるなど、ケースはさまざまだが、公園の足りない既成市街地に、住民が日常利用する児童・近隣公園などを整備するのは本来の計画の仕事なのである。

少し後の経験談になるのだが、旭区の「さちが丘第四公園」が完成したとき、近所の母子から「お礼状」をもらったときの感激はいまも鮮明である。

お母さんの手紙は、「一年ほど前に、公園をつくってくださいという市長への手紙を書いた。すぐ係の人から、この付近に公園をつくる計画があるという返事を貰って楽しみにしていた。今日子供二人が学校から帰るなり、公園ができたんだ！　遊具もいっぱいある！　といって飛び出していった。自分たちの城ができたような喜びようを見て、この公園を企画してくれた方にお礼を言いたくてペンをとった。横浜市は、表面的な華やかさにだけ税金を使うものと思っていたが、やっと税金を払っていることを有意義に感じられた」ざっとこんな内容であった。小学生のお子さんの礼状も添えられていた。幼い字で「こうえんをつくってくれたひとたちありがとう。ぼくはとってもうれしいです」などと書かれたら、泣けてくる。

住民の要望を受けてからというのでなく、必要な地域に公園を設置する手筈をしていて、計画・用地買収・整備と各部署の連携もよかったから、このお母さんの手紙に呼応したかのように出来上がったもので、「手紙」は、そうした積極的な仕事のあり方を認めてくれたわけである。

計画課に丸六年いた私は、九一（平成三）年に建設課へ移り、メインテーマの舞岡公園のほか数々の公園の設計施工にたずさわった。どの公園でも施工中なんらかの障害がつきもので、調整の苦労をともなうものだけれど、竣工検査が終わってバリケードが外されたとたんに、大勢の子供たちが飛び込んできて喜々として遊ぶのを見れば、疲れも飛んでしまう。

建設業務の前段階の計画・用地の仕事、あとにくる管理の仕事、どちらも経験してきてそれぞれの大変さを知るだけに、建設課での五年間に、このような「作り出す喜び・人に喜んでもらえる張合い」を存分に味わったうえで、公園づくりの仕事を終えることができたのはとても幸せだった。直接の担当者でなかったら、このようなナマの感懐を持つことはできなかったろう。

三章　ふたつの「横浜らしさ」

当然のことながら、私の公園づくりの経験は「横浜」という独特の生い立ちを持つ都市に限定されている。しかも私は何年も他都市の公園を見ていないから、他都市との比較で横浜の公園を論ずることができない。以前はよく、お隣りの川崎や東京などの公園を見学に行ったが、私に限って言えば、ここ数年横浜市を一歩も出ずに、「この横浜の風土に合い、暮らしに根ざした公園」を求めて、独自の歩みをしてきた。

一九七〇年代以降の公園急増期をへて、今日顔をそろえている公園たちを見ると、それぞれがはっきりした個性を主張しているのがわかる。この計画・建設に当たった、一〇〇人を超える横浜の造園職一人ひとりが熱心に「横浜らしさ」を追求してきた結果にほかならない。

三―一　横浜といえば「開港の街」

横浜といえば、誰に言わせてもまず「開港の地」であろう。公園をはじめ鉄道・新聞・写真・テニス・ビール・アイスクリーム……おびただしい「ものの発祥地」を持つ文明開化の町である。

また、横浜のイメージといえば「水の景」である。いまの中心市街地を乗せているのはみんな埋立地であり、そこに造られた運河と行き交う船、架けられたたくさんの低い橋が街の景色の特徴だった。

一九九〇（平成二）年六月、山手の「元町公園」に大正時代の洋館「エリスマン邸」が復元された。少し離れた園内には公園整備中に発掘された別の洋館遺構が保存されている。再整備によって以前の「プールと弓場と、ちょっと暗い裏山の接収地」から、旧山手居留地を偲ぶ元町公園にイメージを一新した。

翌九一年には同じ山手本通りに近く、「山手イタリア山庭園」が開園した。これも移築・復元された洋館「ブラフ一八番館」「外交官の家」といったふたつの洋館があり、利用もできる。

居留地時代以来つづいてきた山手の丘に、開港の歴史を語る新たな魅力を加えたこれら

■山手イタリア山庭園「外交官の家」

の公園づくりは、横浜らしさを創出した好例である。

　水景については、市街地を特徴づけていた運河が道路に姿を変え、海べりは埋立のあと、工場やふ頭となって久しく市民から遠ざけられていた。

　近年になってこの点が改められ、埋立事業の際も、本牧の海づり施設とか、金沢地先の水際線緑地にみられるように、市民が海に接することのできる配慮がなされるようになった。だが、都心部においていっそう海を市民に近づけたのが「みなとみらい21」の港湾緑地である。「臨港パーク」「新港パーク」などの親水護岸に立つと海面が目の高さに感じられて、海との一体感が嬉しい。ミナト・ヨコハマが堪能できる。「みなとみらい21」事業は、横浜駅周辺地区と関内・伊勢佐木町地区とに二分されていた都心を一体化させ、横浜の都市としての自立性を高めることを目的としたものであるが、街づくりのコンセプトのひとつに「水と緑と歴史に囲まれた人間環境都市」をあげた。「臨港パーク」も、港やベイブリッジの眺望がより良くなるように、水際線の形状を当初の埋立計画から変えているのである。このこだわりが効を奏し、親水性においては山下公園を凌ぐほどの「臨海公園」になった。その後オープンした「赤レンガパーク」も大さん橋ふ頭を一望できる長い水際線をもち、明治期のレンガ造り建築である倉庫の存在とあいまって、多くの人を引き寄せている。

三―二「みどりの軸線」を貫いた大通り公園

横浜らしさを語るとき、「大通り公園」のことに触れないわけにはいかない。

さきに、埋め立てられた運河はみんな道路に変わったかのような表現をしてしまったが、吉田川運河の埋立跡地の利用は事情が異なる。ここは地上部が幅員三〇～四〇メートル、延長一・二キロメートルという細長い公園となり、その下を市営地下鉄が通っている。吉田川は、吉田新田という、江戸期にたいへんな難工事のすえに拓かれた埋立地の中央部に

■新港パーク　親水護岸から新港ふ頭に停泊中の「飛鳥」をみる

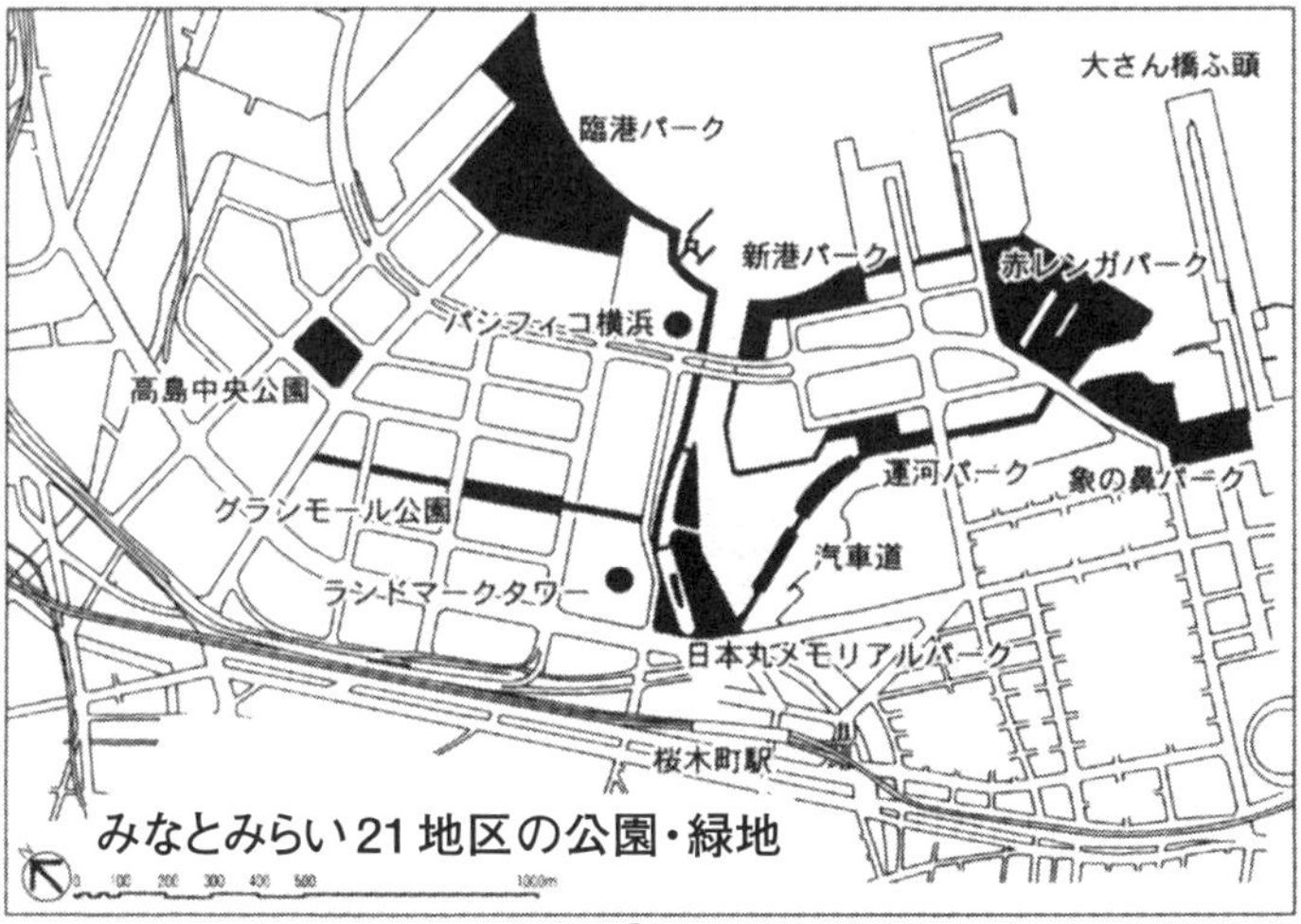

元図は「みなとみらい21インフォメーション」VOL. 63

掘られた堀割である。これを利用した水上交通は町の発展に貢献してきたし、たくさん並んだ橋の眺めが横浜らしさをかもし出していた。

時代が下り、先人たちが開港期の街づくりにかけた労苦のあとをしのぶ吉田川は、現代の都市交通の柱ともいうべき地下鉄の通り道に姿を変えた。しかし、横浜の街づくりプランナーたちは、吉田川運河の埋立地の活用を「船から鉄道への継承」にとどめなかった。「みどりの軸線」のかなめとして、ここを緑地空間としたのである。

横浜の中心市街地に走る既存のみどりの帯は、海側は「山下公園」に始まり、「日本大通り」「横浜公園」へとつづいていた。「みどりの軸線」構想は、この帯を市役所の「くすのき広場」を結節点に、新たな緑地帯として、さらに南へ伸ばそうというものである。これが「大通り公園」であった。しかし、この計画の実現は簡単ではなかった。横浜駅方向から延びてくる高速道路のルートとすることが決まっていたからである。

結果的に高速道路にはせずに、明治期に防火帯として造られた「日本大通り」の延長として、関東大震災復興計画のなかでも構想されていながらできなかった緑地帯を実現したということは、横浜の街づくりのうえで、まことに大きな歴史的意味をもつ。高速道路のルート変更という難題を解決し、「みどりの軸線」構想を貫いた経緯と当事者の苦心談は、田村明氏の著書『都市ヨコハマをつくる』（中公新書）で簡明に知ることができる。

■大通り公園・石の広場

大通り公園と「みどりの軸線」構想

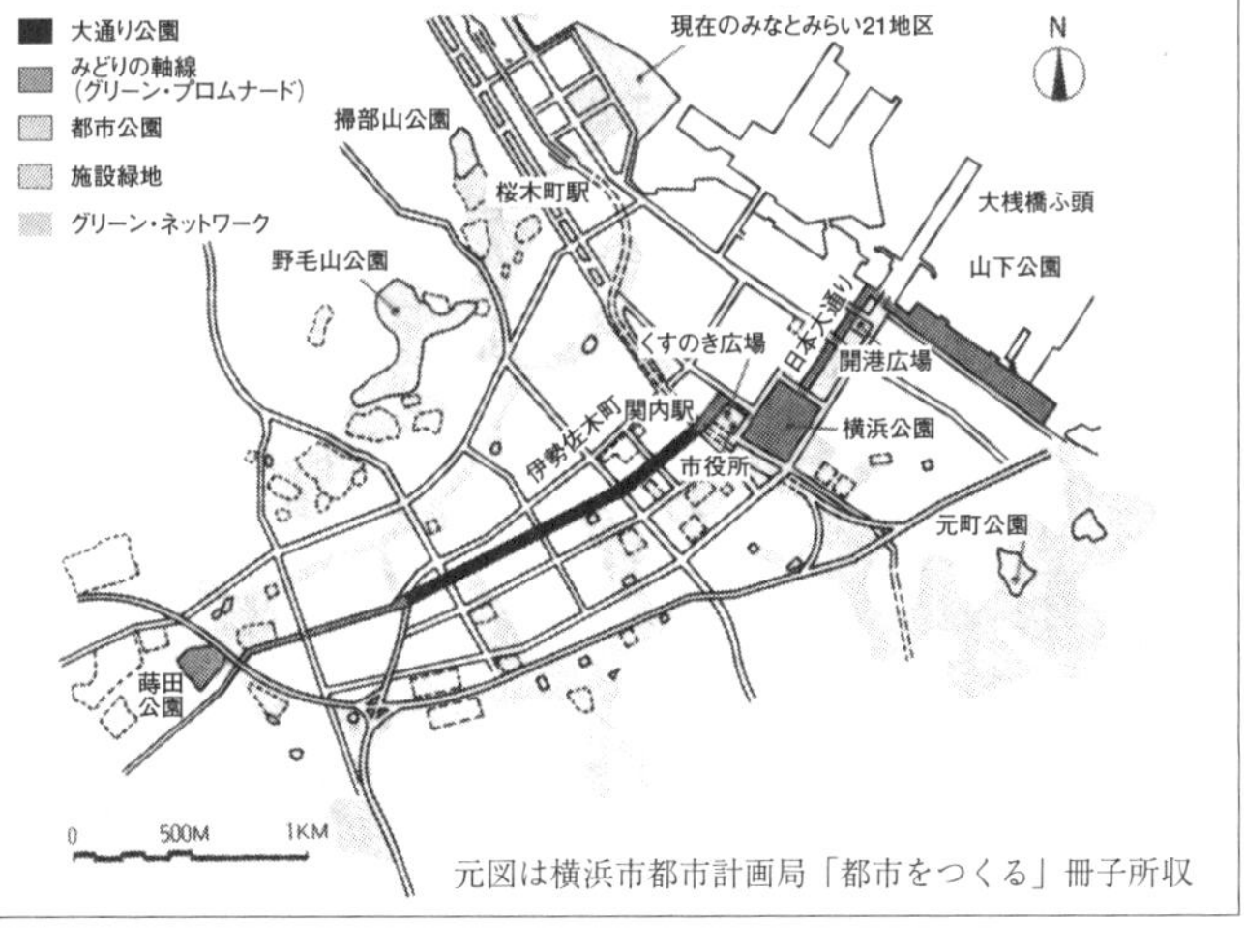

元図は横浜市都市計画局「都市をつくる」冊子所収

さて、公園整備は一九七三（昭和四八）年から七八年にかけておこなわれた。五年間だから、ここでも多くの職員がかかわっているが、私は「大通り公園」というと、二期先輩の福島行雄さんのことを思い浮かべる。

「大通り公園」は関内から南へ、石の広場・水の広場・みどりの森と分かれているが、大噴水や石造りのステージなど施設が多い。デザイン決めもさることながら、全域が埋め立てたばかりの土地だから新たな構造物の施工は大変である。既成市街地の真ん中なので周辺住民からの注文もたくさん出るし、造園職のチーフだった福島さんはそうとう苦労していた。いつの場合もそうだが、開園式前になるとたいてい突貫工事になる。様子を見に行って、うっかり施工現場に入った私は、石張り職人に思いっきり怒鳴られてしまった。

整備が終了してから、若手の造園職が設けた慰労会の終わりに、福島さんが泣いてしまったという話が語り継がれている。彼は酒好きだったが、なぜ突然泣き上戸になってしまったか。

福島さんは、横浜旧市街地の街づくりの懸案として残されていた防災・逍遥の空間を、新たな機能も加えた現代の公園として、自らの手で完成させたわけである。山下の海岸から坂東橋まで市街を貫く「みどりの軸線」の完成は、関東大震災から数えて五五年、「歴史のなかの自分」を、「公園づくりは街づくり」を、実感して大きな感動に包まれたのにちがいない。私にはわかる。

長年舞岡公園を担当して、これを成し遂げたあと私が味わったあの感動と共通していると思うからである。


私は旧市街地での本格的な公園づくりを担当する機会がなかったが、福島さんのほうは後年、西部公園緑地事務所に異動して郊外部の公園管理にたずさわり、街なかでの公園づくりとガラリとちがう「こども自然公園」のなかでの水田づくりやホタルの水路維持にも取り組んだ。水田づくりは小学生を対象にして、付近の農家の人に指導してもらいながらの試みであったが、公園内での耕作体験の場のはしりといえる。

また福島さんは、園内に広がる雑木林で萌芽更新にとりくんだとも語っていた。森林の作業には、下草刈りや枝打ち・間伐などがあり、公園の雑木林でも良好な維持のためには一定サイクルでの伐採による萌芽更新が必要なのだが、これに人々の理解を得るのが結構たいへんなのである。

「みどりの大切さを言う緑政局が木を切るなどとんでもない」街路樹の剪定をしていても、こうした抗議が入ることがある。福島さんは、このときは無理せずに部分的な伐採にとどめたと言い、皆伐方式による萌芽更新で、公園の雑木林を若返らせる夢を後輩に託した。

舞岡は言うまでもなく、その後つくられた市民グループの参画する公園では、市民同士の会話を通じて間伐や皆伐の必要性への理解を拡げつつある。「市民の手による企画・実践」こそが福島さんの夢を実現するカギになる、ということを実証していると思われる。

三―三　もう一つの顔は「田園風土」

福島さんが雑木林の更新を夢見た「こども自然公園」の所在地もそうであるが、臨海部を除く市域の多くは、多摩丘陵地帯にあって起伏に富む地形の旧農村である。したがって、もう一つの「横浜らしさ」があるとすれば、それは内陸の農村風土のなかにあるだろう。

農村文化の継承は、都市農業振興のためのさまざまな試みの結果だけに委ねられるべきではない。いま臨海部の中心市街地に暮らす人々も、そのほとんどは出身地であった「田んぼや小川のふるさとの景色」に郷愁を持っているわけだから、ふるさとを偲ぶことのできる田園風景を公園の形としても積極的に残すことが必要である。この課題に正面から取り組んだのが「舞岡」だったのである。

私が担当したこの公園づくりの経過は、すでに詳細に語ったが、同じ時期に同じ内陸地

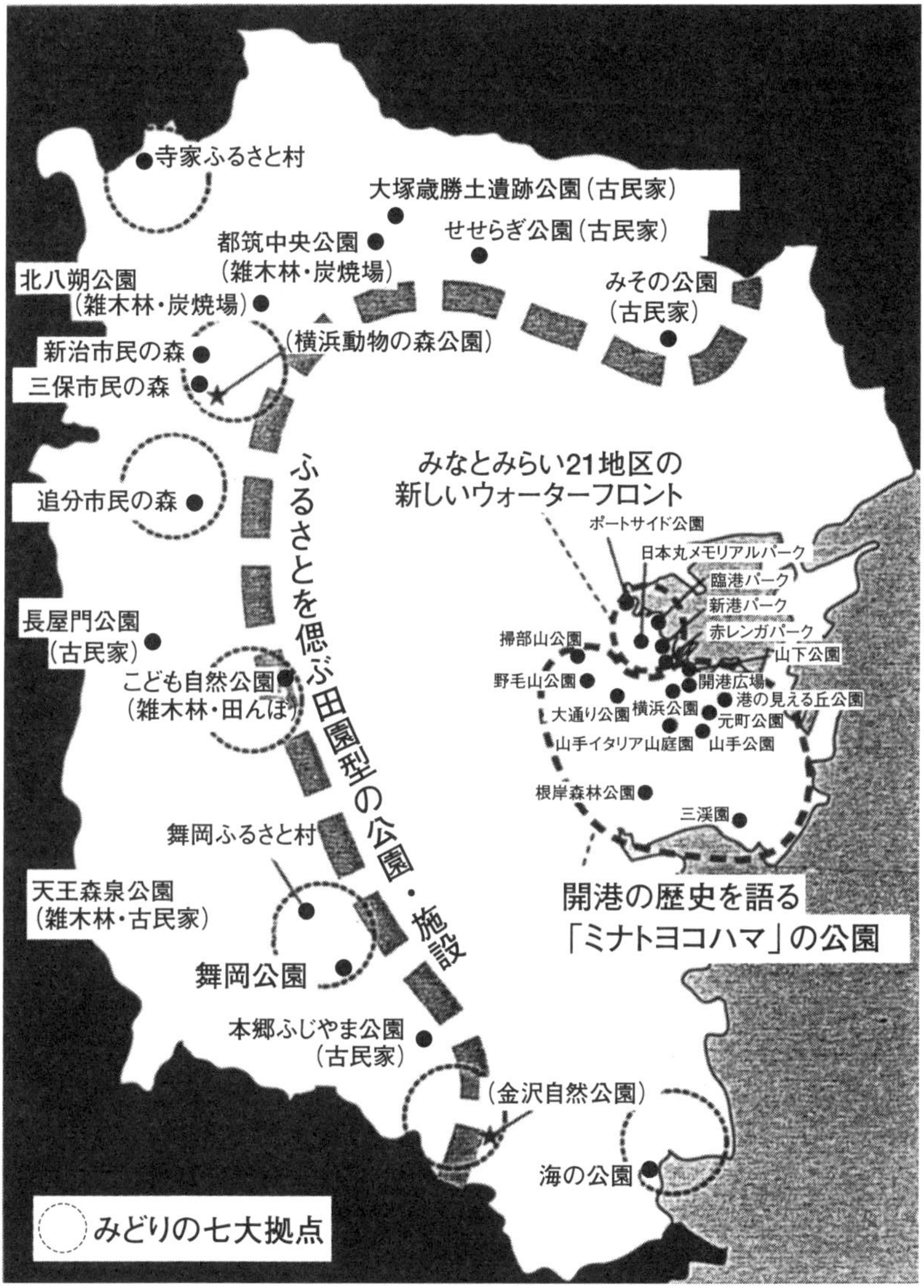
寺家ふるさと村
大塚歳勝土遺跡公園（古民家）
都筑中央公園
（雑木林・炭焼場）
せせらぎ公園（古民家）
北八朔公園
（雑木林・炭焼場）
みその公園
（古民家）
（横浜動物の森公園）
新治市民の森
三保市民の森
ふるさとを偲ぶ田園型の公園・施設
追分市民の森
みなとみらい21地区の
新しいウォーターフロント
ポートサイド公園
日本丸メモリアルパーク
臨港パーク
新港パーク
赤レンガパーク
山下公園
長屋門公園
（古民家）
掃部山公園
野毛山公園
開港広場
こども自然公園
（雑木林・田んぼ）
大通り公園
横浜公園
港の見える丘公園
元町公園
山手イタリア山庭園
山手公園
根岸森林公園
三溪園
舞岡ふるさと村
天王森泉公園
（雑木林・古民家）
開港の歴史を語る
「ミナトヨコハマ」の公園
舞岡公園
本郷ふじやま公園
（古民家）
（金沢自然公園）
海の公園
みどりの七大拠点

■ふたつの横浜らしさ

域を担当した、例えば「天王森泉公園」の武部さん、「長屋門公園」の上原さん、「北八朔《きたはっさく》公園」の河合さんといった造園職の仲間たちは、農村文化の遺産を公園施設として引き継ぐためのさまざまな創意をこらして、これらを個性的な公園に仕上げている。

そしてこれらの公園に共通しているのは、どこもしっかりした市民グループがつくられ、自発的な活動を展開していることである。

臨海部の公園とは対照的に、内陸部にあるこの型の公園管理への市民の参画の姿は、決して偶然ではない。残された田園自然や民俗遺産を守り、育てていくという仕事は、行政の手だけに委ねられるのではなくて、自主的・自覚的市民の手による永続的なかかわりこそが必要だったからである。グループづくりの過程や、従前の公園使用のきまりとの葛藤など、双方に苦労が伴ったが、新たな活動のルールを生みだしながら、この型の公園は横浜郊外部に確実に増え、発展している。

まさに、「もうひとつの横浜らしさ」は、内陸の農村文化の継承のなかにあった。

こうしてみると横浜では、公園行政のたち遅れを取り戻すなかで、臨海部・内陸部それぞれの地域の歴史や、人文・自然の環境を大切にした公園づくりを意識的に積み上げてきた結果、その体系全体がいつしか「横浜らしさ」と呼べるような色づけを濃くしていた、私にはそんなふうに思われる。

三―四 「公園はみどりの破壊」といわれるけれど

急激な市街化にさらされた横浜市にも、まだみどりの森が残されている。一九六九（昭和四四）年の新都市計画法の施行の際、独自の基準設定とこまやかな線引きをおこなった横浜市は、市街化調整区域として市域の二五パーセントを確保した。市は後に述べるように独自の工夫を展開して、これらの調整区域を中心に広がるみどりを保全しているが、新規につくる大きな公園の用地もこういう区域に求めざるをえない。広い平坦地などなく、たいていは樹木の茂った斜面だから、建設工事は伐採・造成から入ることになる。先に紹介した「金沢自然公園」も「動物の森公園」も大造成をしてつくられた。

公園づくりにかかわっていて一度は言われるのが「自然のままがいいのに、公園はみどりを壊して人工的なものに変えてしまう。公園は《造り過ぎ》だ」という批判である。これは意外と多い。昔のお粗末な手づくり施設と違って、最近の施設はグレードが上がっていて、公園の完成直後は実にキレイだからよけいに目立つ。みんなが望む運動施設も駐車場も、平坦地を造らなくてはできない。それが伐採を伴わずにできるならそれにこしたことはないのだが。

「金沢自然公園」の高速道路側駐車場をつくるために、公園区域拡張の現地調査に行ったときもそうだった。見事なシダの下生えや湧水のあるスギ林を見て、これが残せるものなら、の思いは調査団一同がひとしく持ったのである。車でくる利用者の便利のために、スギ林を犠牲にする、そういう区域拡張線を自分で引く、「仕方ない」では割り切れない思いを持ちながら仕事をしている私たちもつらい。

この「金沢自然公園」と「都筑自然公園」、動物園を擁するふたつの公園の最初の名称はともに「自然」がついていた。このネーミングが問題だった、と私は思う。本来国立公園などを指す自然公園と混同されるばかりでなく、レッキとした施設系の動物園が主体になるのがわかっているのに、解釈の幅の広い「自然」の語をつけて、偏った公園イメージをつくってしまったからである。

「都筑自然公園」のほうは公開に当たって「横浜動物の森公園」という、いい名前に変わった。公園のある旭区・緑区とは別の地域に「都筑区《つづきく》」という新たな行政区ができたからであるが、名前から「都筑」と一緒に「自然」という字もとってしまったのはよかった。とはいっても、元「都筑自然公園」の植物区は在来の植生を生かしたつくりが考えられているようだし、動物園の敷地も周囲を雑木林に囲まれて、十分に横浜らしい。

「金沢自然公園」のほうも、園内から海を隔てて房総の山を望める横浜ならではの立地がいい。

整備段階では「みどりの破壊」と批判され、担当者自身も胸を痛めたけれども、開園され、時がたち、植えた木が大きく育って施設が落ち着いてくると、訪れる人々は、ここにかつてあった森のことを思い浮かべることもなく、つくられた施設そのものを喜んでくれる。珍しいヒツジやシカに子供たちは歓声を上げている。それでいいのだろう。

いいのだろう、というのには根拠がある。

横浜市では公園とは別に、全市域に「市民の森」を設置しているからである。こちらのほうは施設をほとんど設けず、森そのものを市民に楽しんでもらう所なのである。郊外に大きな動物園がふたつあり、すぐ隣にそれを上回る広さの「市民の森」がある——横浜市の、この重層的な「みどりの施策」は、十分に自賛に値するではないか。

第三部——新治市民の森ものがたり

間伐材の搬出

一章　みどりを守る横浜の独創性とは

これまでの話のなかでも、いくどか名前を出した「市民の森」のほか、横浜ではみどりを保全するための工夫を数多く編みだしてきた。新治《にいはる》の話に入る前に、この分野での取り組みの流れを振り返るため、一九七〇年代初頭まで、もう一度タイムスリップしていただきたい。

一―一　全国初の「市民の森」

当時、急激な市街地の膨張は市域のなかのみどりを一気に減らしていた。その結果、私が就職したころ一万ヘクタールあった山林は、現在、三〇〇〇ヘクタールにすぎなくなっている。このような状況に置かれた横浜市には、みどりを守るためにどのような対策をとるのか、という課題が投げられた。

横浜市の緑地保全の主要施策一覧　　2003. 3. 31現在

名　称	指定根拠	指定者等	概　　要
保安林	森林法	農林水産大臣（知事）	水源涵養・崩壊防止・保健保安など森林の持つ機能が最大限に発揮出来るように指定。63ha
近郊緑地保全区域	首都圏近郊緑地保全法	内閣総理大臣(所管国交省)	「円海山・北鎌倉近郊緑地保全区域」として指定、横浜市域は755ha。
近郊緑地特別保全地区		知事（都市計画決定）	上記のうち、特に良好な自然環境を持つ地区100haを指定、買い取りを進めている。
緑地保全地区	都市緑地保全法	知事（都市計画決定）	風致景観が優れていたり、緩衝地帯・避難地となるもの、社寺旧跡と一体となったもの等を指定。19地区・104ha
風致地区	都市計画法 風致地区条例	知事（都市計画決定）	風致の維持に必要な、自然環境に富んだ地域を指定、建築開発行為に許可（横浜市では市長）が必要。 16地区　3710ha
市民の森	緑の条例 緑地保存特別対策事業実施要綱	市長	2ha以上の土地を指定、期間10年以上の土地使用契約を結ぶ。土地所有者はじめ地域の人々で愛護会をつくり、管理運営に当たる。25か所・約390ha
市街地緑の景観確保事業	緑の条例	市長	横浜の街を特徴づけている斜面緑地について、景観上特に欠かせない所を買取りにより保全する。
緑地保存地区	緑の条例 緑地保存特別対策事業実施要綱	市長	市街化区域内の1000m²以上のまとまった山林を期間10年または5年以上の保存契約を結ぶもの。指定約174ha
ふれあいの樹林	緑の条例 ふれあいの樹林設置要綱	市長	市街化区域の1～2haの山林を指定、所有者と期間10年以上の土地賃貸借契約を結ぶ。地域の人々が団体をつくり、管理・ふれあい活動をおこなう。
名木・古木保存事業	緑地保存特別対策事業実施要綱	市長	故事来歴があったり、街の象徴となっているなどの樹木を指定。期間10年以上。指定986本
横浜自然観察の森	横浜自然観察の森設置条例	市長	人と生き物がふれあいながら自然のしくみを学ぶ拠点施設。45ha
森づくりボランティア団体の育成・支援	森づくりボランティア団体育成・支援要綱	市長	申請のあった団体を登録し、研修・情報提供等おこなうとともに、活動承認申請団体にフィールドの仲立ちをするもの。

（注）表中、「緑の条例」は「緑の環境をつくり育てる条例」の略

都市緑地保全法による緑地保全地区の指定・森林法に基づく保安林の指定といった国の制度が用意されてはいる。しかし、横浜市が独自に工夫して出した答えのひとつが「市民の森」制度であった。

そして、市街化区域内の一〇〇〇平方メートル以上の山林に対して一〇年の保存契約を結ぶ「緑地保存地区」、市街地の斜面緑地で景観上欠くことのできないところの買い取りをおこなう「市街地緑の景観確保事業」「名木古木の指定」「ふれあいの樹林の指定」とつづく。


横浜市独自のものである農地対象の地域制度「農業専用地区」が一九七一（昭和四六）年に要綱として制定されたが、これも広い意味ではこうした施策の系統といえる。「緑地保存特別対策要綱」の制定も同じ七一年、「緑の環境をつくり育てる条例」の施行が七三年である。

横浜市のみどりを語るうえで、特筆すべきこのような施策の生みの親は、私がいた公園部ではなくて、もうひとつの部である「農政部」であった。「農政部」の前身は農政局、少し機構の説明をすると、横浜市は七一年にこの農政局と、計画局公園部とを合併して「緑政局」をつくった。緑の行政を一体的に進めるためである。一局にはなったが、言う

市民の森一覧　2003. 3 31現在

名　称	所在地	面積ha	主な交通手段
1　飯島	栄区	5.7	JR根岸線本郷台駅歩15分
2　上郷	栄区	4.5	JR大船駅東口より神奈中バス「紅葉橋」下車
3まさかりが淵	戸塚区	6.3	JR戸塚駅西口バスセンターより神奈中バス「中村三叉路」下車歩5分
4　下永谷	港南区	6.0	地下鉄下永谷駅歩
5　釜利谷	金沢区	9.5	京急金沢文庫駅よりバス「市民の森入口」下車
6　峯	磯子区	12.4	JR磯子駅よりバス「更新橋」下車
7　ウイトリッヒの森	戸塚区	3.2	JR戸塚駅西口バスセンターより神奈中バス「原宿」下車歩7分
8　瀬谷	瀬谷区	18.7	相鉄線三ツ境駅歩20分
9　氷取沢	磯子区	45.4	京急上大岡駅・金沢文庫駅よりバス「氷取沢」下車歩10分
1 0　荒井沢	栄区	6.2	JR根岸線本郷台駅歩40分
1 1　瀬上	栄区	47.7	JR港南台駅よりバス「港南環境センター」下車歩15分
1 2　称名寺	金沢区	10.2	京急金沢文庫駅より歩15分
1 3　関ケ谷	金沢区	2.2	未開園
1 4　舞岡ふるさとの森	戸塚区	15.6	地下鉄舞岡駅歩8分
1 5　三保	緑区	39.8	相鉄線三ツ境駅よりバス「若葉台近隣公園前」下車歩
1 6　獅子ヶ谷	鶴見区	18.5	JR鶴見駅西口よりバス「神明社前」下車
1 7　小机城址	港北区	4.6	JR横浜線小机駅歩15分
1 8　熊野神社	港北区	5.2	東横線大倉山駅より歩10分
1 9　豊顕寺	神奈川区	2.3	地下鉄三ツ沢上町駅歩3分
2 0　矢指	旭区	5.1	相鉄線三ツ境駅よりバス「矢指町」下車歩10分
2 1　綱島	港北区	6.0	東横線綱島駅歩10分
2 2　追分	旭区	29.8	相鉄線三ツ境駅よりバス「西部病院前」下車
2 3　南本宿	旭区	6.4	相鉄線二俣川駅歩20分
2 4　新治	緑区	65.2	JR横浜線十日市場駅歩20分
2 5　寺家ふるさとの森	青葉区	11.8	田園都市線青葉台駅より東急バス鴨志田団地行終点下車

問合わせ先　１～１４は南部農政事務所（TEL045-866-8497）
　　　　　　１５～２５は北部農政事務所（TEL045-948-2475）

なれば都市側の施設である公園部の担当者と違って農政サイドでは、山林農地の減少に対する危機感も強かっただろう。早い時期に「緑政課」をつくり、課題にこたえる道を考えていたから、他都市に例がないと言われた「市民の森」の方式を生みだすことができたと思う。

「市民の森」制度とは、おおむね五ヘクタール以上の山林を対象に所有者との土地使用契約を結ぶもので、指定後は散策路や広場など自然景観を壊さないように最小限の整備をして、市民の憩いの場として活用してもらうのである。七二（昭和四七）年にはじめて指定・開園したのは「飯島」「上郷」「下永谷」、それに「三保」市民の森だった。現在の指定地は二五か所に上っている。

ふれあいの樹林一覧

名　称	所在地	面積（ha）	問合せ先TEL 市外局番045
東寺尾	鶴見区	1.8	北部農政事務所 948-2475
白根	旭区	1.6	
駒岡	鶴見区	0.8	
上山	緑区	1.1	
市沢	旭区	0.9	
もえぎ野	青葉区	1.4	
鶴ヶ峰	旭区	1.5	
境木	保土ヶ谷区	0.8	
かぶと塚	鶴見区	1.5	
中田	泉区	0.8	南部農政事務所 866-8497
泉の森	泉区	1.2	
宮沢	瀬谷区	3	
東山	瀬谷区	1.8	
鯉ヶ久保	泉区	1.4	
上矢部	戸塚区	1.4	
計		21	

また「ふれあいの樹林」制度とは、市街化区域に残る一～二ヘクタール程度の山林について所有者と一〇年間の賃貸借契約を結ぶもので、地域の人たちがグループをつくってみどりとふれあう遊びや活動をしてもらう。八八年に第一号を指定して以来今日では一五か

所になっている。

一—二　緑行政の一元化

以上のような仕事は、主に農政部の緑政課が担当していたが、学園緑化・市街地の緑化事業など緑の創造の分野、緑地保全地区指定、風致地区、街路樹関係などは公園部にあった。「円海山《えんかいざん》近郊緑地」も公園部が受けもっていた。

円海山とは、磯子・港南・金沢・栄の四区にまたがり市内最高地点も含まれる山地の総称で、主峰は大丸山一五九メートル、円海山一五三メートル、鎌倉天園《てんえん》へ抜けるルートは人気のハイキングコースになっている。この横浜の屋根とも呼べるみどりの塊が、一九六九（昭和四四）年に、首都圏近郊緑地保全法に基づく緑地に指定されたのである。「南の森」と総称しているこの一帯は、「峯」「瀬上《せがみ》」「釜利谷《かまりや》」「氷取沢《ひとりざわ》」といった「市民の森」として、多くの人々に利用されている。

このように、それぞれの部署で緑保全の努力がおこなわれていたのだが、緑行政の組織のあり方については、以前から関連部署の職員のなかに根強い意見があった。先に述べたように、七一（昭和四六）年の緑政局の誕生は、横浜市の緑行政の特徴的な展開を裏づけるものとなった組織整備の第一歩であり、全国でも例のない試みとして注目された。

しかし、ひとつの局になってからもタテ割機構は温存され、緑の保全部門は公園・農政というふたつの部にバラバラに置かれていた。だから、「これでは迅速適切な対応ができない、ひとつのまとまった組織にすることが緑行政を一層推進するために必要だ」という意見が高まったもので、いわば「第二の緑の一元化」といえた。これが八七年の機構改革で「緑政部」の誕生という形で実現を見る。

このときの機構改革は、二局合併以来長い間つづいてきた農政・公園二部のタテ割体制から脱して、みんなが納得いく新たな機構をつくるための実効ある方法として、職員も含むプロジェクトをつくって立案した。私も、このプロジェクトで中心的な働きをさせてもらったのだが、こうした「職員参加」という組織づくりの方法をとったことが、懸案だった「緑の一元化」を可能にしたのだと思う。

みんなで作った組織機構と「市民の森」制度をはじめとする独自の施策をもっていること、これを、緑行政における「横浜らしさ」と呼びたいと思う。

第１次「緑行政の一元化」
（1971年6月機構改革）

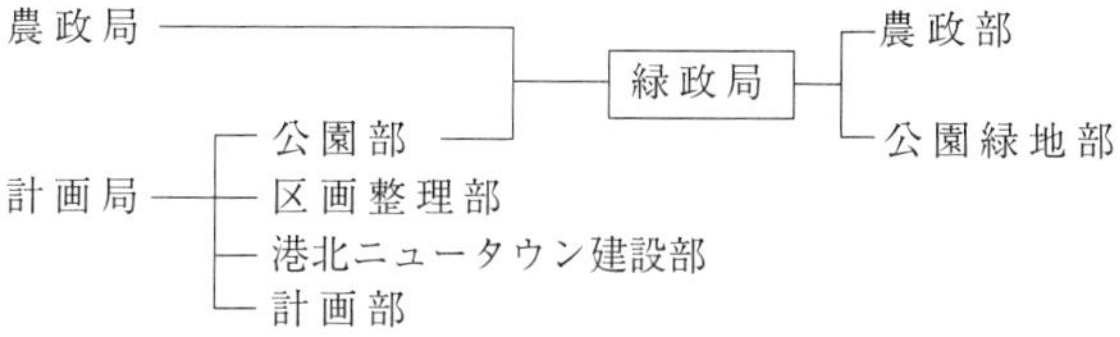

「緑行政の一元化」構想（1987年）

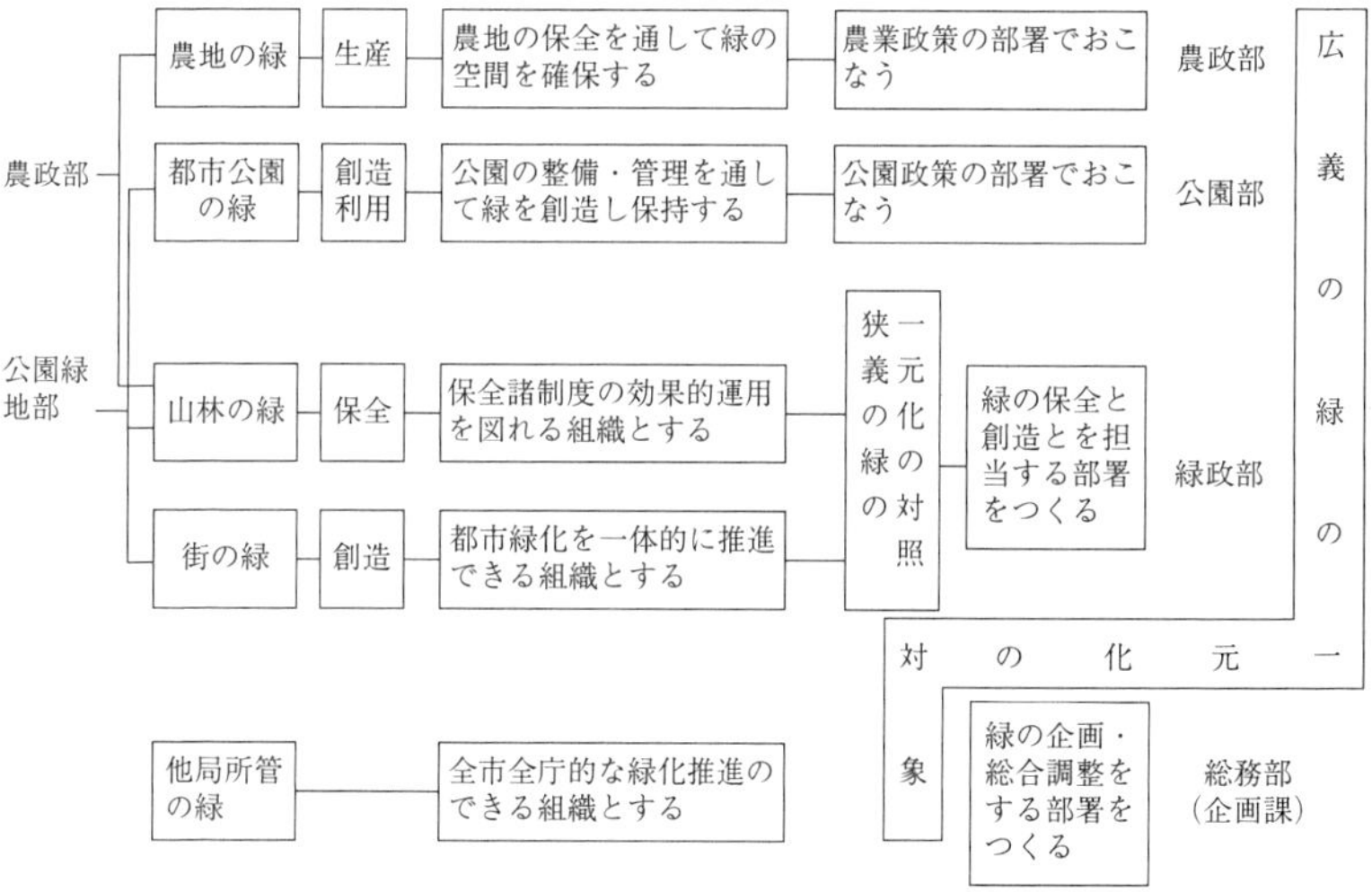

一―三　新しい事業「森のボランティア育成」

一九九六（平成八）年、その緑政部へ私は異動した。建設課へ移る動機となった「舞岡公園」が全面開園したのを区切りにしたのだが、このとき定年まで残すところ四年、次の職場が退職を迎えるところとなるにちがいない。そんな年配者は、ふつう使いにくいから敬遠される。私も間際まで、どこで拾ってくれるのかわからずにいた。

行き先は「緑政部緑政課」。初めて公園畑から離れることになったのである。後に聞いたところだと、私が行くと聞いて緑政課では、やはりそうとう波紋をまきおこしたらしい。私の前任は新進気鋭の女性技術者小島さんだったから、定年間近のオジサン（？）とは落差が激しすぎる。前任者と一緒に仕事をしていたのは、もっと若い女性なのでショックも大きかったのだろう、知人に暗～い声で電話したという。「新人がくるとばかり思っていたのに。どうしよう、オジサンがきちゃった……」

だがこの女性の認識はすぐに改まる。誰かから私の建設課時代、舞岡の話などを聞き出して「トシの割りには大丈夫」と安心したらしい。一緒にやることになる「よこはまの森育成事業」は市民との協働が眼目となるので、年配者にありがちな、旧習にこだわるコチコチ頭ではたしかに困ってしまうだろう。だけど実は、私のほうでは田並静という名前だ

け は知っていた。

建設課を出るとき「緑政課には田並さんという行動的な女性がいるけど、浅羽さんと一緒に仕事したらきっとウマが合うよ」と言ってくれた人がいたからである。その人の言うとおりになった。最初暗～い声を出したというその女性・田並さんとは、以後四年にわたり「仲良し親娘コンビ」みたいに、実に息の合う仕事をやってきた。

田並さんと一緒にやった仕事、「よこはまの森育成事業」（現在はボランティア育成事業）は、市内に残された人の手を必要としている山林と、みどりの保全にかかわりたいと思っている市民とを結びつけるための仕組みをつくろうというもので、緑政局としては新しい分野といえる。始めたのは九四年度、最初から「山林所有者・市民が主役で、行政はそのサポート役」ということを基本に据えており、私が加わったころは、森づくり活動グループのネットワークをつくる試みに入るところであった。横浜市内には、すでに森づくり活動をする市民グループが各地にあった。「横浜自然観察の森」でのボランティア育成の蓄積も力になっていただろうし、舞岡での市民活動の発展も影響を拡げていただろう。

この年九六（平成八）年、市としては「市民参加による都市の緑地の保全と活用」をテーマにフォーラムを計画したが、既存グループのネットワークづくりのキッカケにもできると考え、フォーラムの共同開催を市民に呼びかけたのである。その結果、主旨に賛同した市民グループによって「よこはまの森フォーラム実行委員会」が結成された。イベントは三〇〇人の参加を得て成功裡に終わり、実行委員会は継続して活動することになった。「よこはまの森育成事業」はずっとこの実行委員会との連携に重点をおいて、雑木林塾や実習会、大きなイベントを重ねてきた。九七年の「ＷＯＲＫ＆ＦＯＲＵＭ」、九八年秋の「第六回全国雑木林会議」は、行政・市民の横浜市型パートナーシップのいい面が発揮されて成功した。

「よこはまの森育成事業」では、市が取得している緑地などの保全活動にかかわる市民グループづくりにも毎年取り組んできた。保土ケ谷区の「桜ヶ丘緑地」、金沢区の「柴・長浜緑地」などがそれである。

市街地のなかのそう大きくない土地だから、隣接の住宅との関係とか留意すべきことも多々あったが、それぞれの緑地にできたグループは、その森の特徴や立地条件に合わせた内容で、生き生きと活動しつづけている。

参加者集め・地元説明の開催・区役所との調整に始まり、技術研修・グループづくりのための交流会をへて規約・役員構成案づくり、こうした手間のかかる過程全部を田並さんと私の二人でこなしていった。

一-四　市民がになう森づくり

森の講座の開催とかニュースレターの発行など、人の育成が主体であるこうした事業は、すぐに効果が形になるという性質のものではなく、予算もつきにくい。しかし森づくりの各種事業をしていて、人が集まらなくて困ったということはなかった。

一九九七（平成九）年、私が担当した旭区の「鶴ヶ峰ふれあいの樹林」のグループづくりもそうだった。最初のスタッフを公募したところ、応じてくれたのは七〇歳以上の年輩者ばかり九人。でも、どうしようと思ったのはこの方々に対し失礼だった。

辻川会長をはじめとするこの方々のパワーと、地域での長年のつながりの深さが生きて、若手男性や主婦の人々が次々加わり、しっかりした組織ができ、いまやモデルグループになっている。続く鶴見区の「かぶと塚ふれあいの樹林」でも、栄区の「荒井沢市民の森」でも、愛護会づくりは同様の成功をおさめた。

これはどこでも、みどりの減少に不安を抱いている住民・市民の多くは自身がみどりに飢えていて、いまや公園の散策とか受け身の利用にとどまっていず、自分自身がみどりのなかで汗を流すのを求めていることを示している。

「市民の森」の愛護会も、いままでは土地所有者の方が中心だが、後継者難といった事情のなかで、こうした幅広い市民がその役割を担ってくれるのが理想であった。

二〇〇二（平成一四）年一一月になって、「森づくりボランティア団体育成支援要綱」が制定された。全国初の試みとして各紙に報道されたこの制度は、市民との二人三脚による森づくりの積み重ねが基礎にあってこそ成立したのである。

横浜市が誇れる制度である「市民の森」が欠けることなく後世に引き継がれ、横浜ならではの厚い市民層から保全の担い手が輩出して、どこの森にも張りついている、そんな将来像の実現に、この要綱は大きな役割を果たすにちがいない。これから紹介する「新治市民の森愛護会」結成物語が、その可能性を具体的に示しているように思える。

二章　市民とつくった「新治市民の森」

「新治市民の森」は横浜市の北部、緑区にある公開面積約六四ヘクタールの広さをもつ大きな森である。開園式は二〇〇〇（平成一二）年三月二六日、私が三七年勤めた市役所を退職する五日前のことだった。

二―一　森の愛護会づくりという課題

横浜市の「緑の七大拠点」のひとつに新治・三保《みほ》地区がある。そのうち三保については、いち早く「市民の森」に指定されていたが、新治のほうは二三番目の遅い開園となった。

この森の特徴は、JR横浜線十日市場駅から徒歩一五分という好アクセスにもかかわらず、区域一帯は濃いみどりにかこまれ、生き物の豊かさで見ても市内屈指といわれる点にある。また、森の管理・活用の面で、土地所有者・地元住民・他の一般市民が融合してグループを構成し、活発に活動している点に顕著な特徴があり、市民参加の森づくりのひとつのモデルとして注目を集めはじめた。

開園から一年を経た二〇〇一（平成一三）年四月八日に記念イベントがおこなわれたが、その際会員の再登録をおこなったところ一〇〇人を超す人数に上ったという。五月一〇日にはＮＨＫクローズアップ現代という番組で取り上げられ、水田づくりや炭焼きへと活動の幅を広げている様子が全国に紹介されているのを、私は退職後のテレビ画面で見た。

私はグループづくり第一歩からかかわってきたし、これが市役所最後の仕事だったので新治自体に特に感銘が深いうえ、この番組のなかで仲丸さん・西村さん・大川さん・近藤さん・田中さん・大泉さん……といった懐かしい顔ぶれの皆さんが、新旧住民の隔てなどまったく感じさせず、生き生きと活動しているのを見て感激した。

というのも、このグループづくりは決してスムーズにできたわけではなく、むしろスタートの合意形成に至るまでの道は、ひどくけわしかったからである。従来の「市民の森」の場合は、土地所有者を中心にして「愛護会」をつくってもらい、ここに市が管理を委託するという方法をとってきた。これができれば、さほど手間も時間もかからないですむ。ところが新治では、これがむずかしかった。「市民の森」としての指定作業は九六年か

愛護会活動の概要

名称	新治市民の森愛護会
会員数	約130名
役員	会長・副会長・総務・会計・企画・広報(任期2年)
活動内容 (規約による)	1市民の森の維持・管理・運営に関すること 2市民の森の保安・防災・利用マナーの啓発に関すること 3市民の森の動植物の保護に関すること 4その他
倶楽部	承認を受けて設置し、自主的に活動する。 現在、農園・炭焼き・クラフト・自然観察の倶楽部がある。
定例活動日	月4回
具体的な活動	1　定例活動 草刈り・清掃およびパトロール・森の下刈り・園路の補修 2　研修 森の調査・技術研修・他施設の見学会 3　イベント 森のこどもの日・芋煮会 4　来園者アンケート・ホームページ開設等

■新治に残る水田

ら始まり、短期間で予定区域の大半の土地使用契約を終えていたが、土地所有者は契約には応じても、今後の管理はできない、という人がほとんどだった。

「十数年も山に入っていない。もう体力的にも時間的にも無理だ」

そう言われても、管理組織の結成なしに「市民の森」の開園はできない。ではどうするか？　と悩む前に私たちは答えをもっていた。「よこはまの森育成事業」三年の経験で培った手法の応用である。田並さんが「これでやってみます」と手をあげると、課長係長も当然これに期待した。

「よこはまの森」事業担当の田並さんと私の出番がまたやってきた。

二―二　地権者との合意形成に時間が

ところで「新治市民の森」の開園予定は二〇〇〇（平成一二）年春とされていた。未指定地が飛び石状に残ってはいたが大半の指定がすんでいたので、整備工事は九八年度と九九年度の二か年計画となっていた。すると普通なら開園予定日は二〇〇〇年度の初めとなる計算であるが、ちょうど九九年度が緑区の区政二〇周年にあたり、市民の森整備をその記念事業としても位置づけていたので、区からは九九年度内に開園したいという希望が出ていた。

私たちへの指示は九八年度の初めだったので、開園まで二年ある。この段階ですぐにも準備に入りたかったのだが、課長は「地元との調整がすんでから」と言ってなかなかゴーサインを出してくれない。

課長のいう地元調整とは、主な地権者に集まってもらって「市民の森」計画を説明し、施設整備に入ることの承諾と愛護会づくりの了解をいただこうというのである。課長係長と前の整備担当者で出かけて行くのだが、これが遅々として進まない。六月、九月、一二月と会合を重ねても足踏みがつづいていた。

出番がきたのに控えに置いたままにされていると、人のしていることがもどかしい。

「私たちなりの話ができると思うので、会合に出させてくれませんか」

「まだ、とても具体的な話までいかない。もう少し待って」

会議があるつど、係長はあらましの報告をしてくれるのだが、地権者の誰々さんとか自治会長の何々さんとか聞いても、自分で会わないからどんな方なのかわかるわけがない。時間はどんどん過ぎてしまい、やっと田並さんと私が地元の会合に出られたのは、ほぼ一年後の九九年五月だった。開園予定まで一年を切っている。

このように「地元調整」に手間取ったのにはわけがある。周辺が住宅地として発展してるのに、新治だけが開発から取り残されたという思いが、もともと地元には強かった。横浜市では総合計画「ゆめはま二〇一〇プラン」でも、この地域に「市民の森」のほか農業施策としての「恵みの里」や公園事業などを核にした「北の森」計画をもっていたのだが、地元からすれば遅れに遅れていた。

「調整区域に線引きして、緑の拠点としたのなら、それに見合った地元振興策、ふさわしい事業を示すべきだ。それが『北の森』構想だったはずなのに、全体構想を示さずに、市は市民の森というパーツで話を進めてくる。パーツの話の前にわれわれは全体像が見たい」

「現時点ではまだ示せない。市民の森を先行させてほしい」

こんな押し問答の繰り返しであった。控えの間にじっとしていられず、この期間に田並さんと私は独自の動きで新治に足を運んだ。

八月には、基本設計に役立てるための調査の手伝いをかねて現地に入った。

また最大地権者の奥津誠さんからのコンタクトに応じて、奥津家での集まりに出かけて行ったのも独自の動きになる。奥津さんは「よこはまの森フォーラム」が主催した九八（平成一〇）年の全国雑木林会議にパネリストとして参加してもらって以来の知己であり、当時の神奈川県森林研究所専門研究員の中川重年さんとも親しく、そんな顔のつながりで生まれたたぶんに個人的な集まりであった。

奥津さんは、課長たちがやっている例の地元調整の会合の有力メンバーであるが、そこでの話が進展しないのを彼なりにいらだっていて、かねてからの願望であった、新治の山を活用した子どもたちへの環境教育とか材の利用とかを、自分の山林で先行してやりたいと言い出した。田並さんと私、浜田さんや中川さんなどが、奥津家の土間の机をかこんでしばしば意見交換をした。

私たちとしては、仮に奥津さんの個人的な試みが先行しても、後になって愛護会づくりとの合流は可能との考えもあって話に加わっていたのだが、それ以上の進展は見ずに話はたち消えた。しかしこの会合で、奥津さんと親交を深められたことが、後に「森づくり講座」の開催に当たって、場の提供など同氏から多大な便宜を得られることにつながった。

二―三　続出した呵責のない意見

一九九九（平成一一）年五月一一日、やっと田並さんと私は、地元との会合に出席を許された。「市民の森部会」と称するこの会合で奥津さん以外の土地所有者の方たちとはじめて会う。後に大の仲良しだと周りから冷かされる仲になった、自治会長の仲丸平八さんともこの時が初対面である。

初対面だろうと年輩の地権者だろうと、まったく臆さないのが田並さんのいいところである。

いきなり今後の進め方を提案した。「市民有志を五〇人ほど募って森づくり講座をします。専門家の講師を頼みますが、皆さま方にも指導に当たってほしいんです。そして講座の修了生有志とみなさま土地所有者の有志で開園式前に『市民の森愛護会』を結成したいと思っています」

意見は当然たくさん出た。仲丸さんだって呵責がない。

「市の都合だけで日程を決めているが、農作業が忙しい時期なので出られない」

「山をキレイにするのは何十年もかかる」

「市民に山の間伐や草刈りなんかできない」

「はじめのうちだから関心があるんで、市民はすぐ飽きると思うよ」

「市民は口で言うだけだ。結局地元がやるようになる」

「五〇人集めても受講だけして、愛護会をやってくれなければ意味がない」

こういった意見が続出したのである。

私は思った。これを提案に対する消極的姿勢とみたら間違いだ。所有者の皆さんこそ一番山のことを心配し、管理の厳しさも知っている。経験もない市民がどれほど力を出せるのかまったく未知数だし、好き勝手にやられるのではとの不安もある、でも何とかうまくできたら……こんなふうに思っている気持が伝わってきた。

やってみなければ、答えの出ないことなのである。行政側が、どのくらい本気で提案しているのかを見られている。どんと胸を張ったほうがいいのに、なぜ行政とは、はっきりした意思を伝えるのが下手なのだろう。土地所有者の皆さんの不安を払拭できる成果を手にし得るかどうかは、綿密な準備と、担当者自身の熱意次第ではないか。

だから私は、折を見てやにわに立ち上がり、声を高めて言い切った。「講座は横浜市が責任を持ってやらせていただきます。まあ結果を見てください。いいですね！」

市側の責任者としては課長が横に座っている。でも私は出過ぎているとは思わない。平職の私だからできる言い方だ。課長には立場上こんなセリフは言えない。言えるようなら一年前に話はもっと進んでいたはずである。

「おお、やってみな！　大勢で山をキレイにしてくれたら、それに越したことはない」

こう呼応してくれたのは加藤さんだった。すぐ仲丸さんがつづいた。

「やってみたらいい。でもきちっと要望は聞いてほしい」

約半年後、講座の最終回のとき受講生に、講座の開催が決まったこのシーンを紹介した。

私には、この時の加藤さんのりりしい顔が忘れられなかったのである。

仲丸さんのいう要望とは、この会合のなかで出ていた道水路の改修や園路のつけかたなどをいうのである。いま時分になって、市側は一年間なにやってたの、と私のほうが言いたい気持だったがここは前向きに、「一緒に歩いて現地で教えてください」と頼み、森歩きの日を五月二七日と決めてしまった。施設整備担当は私になっていたから、実現可能なことは設計に組み込んでしまえば解決できる。

二―四　「人を得た」と確信

それからの私たちの動きは慌ただしかった。開園まで、わずか九か月しかない。

六月はじめ、まずは講師予定者の方々と一緒の現地事前調査と講座の打合わせに二日をかけた。メンバーには、地主さんたちとのおつきあいでいろんな経験を積んだ講師もいるし、日常地元の相談に乗ったりしている農政事務所の人もいる。みんなで最もいい講座の進め方を話しあった。

その結果私たちが重視したのは、地権者の意思を最大限尊重し、講座にも最初から入ってもらうこと、地権者と公募市民の共同作業や、地元の意見を聞く場をつくることであった。それにより、地権者・新旧住民それぞれが信頼し合える関係を築くことができると考えた。

作業場所には、手入れの成果が地元の人々に見えやすいところを選ぶようにしようとか、毎回の講座の前一五分くらいは、ゴミ拾いタイムにしたらとの提案も出た。

六月末から七月にかけて周辺の自治会へ説明に回り、地元新治には全一〇〇〇世帯に案内チラシを配布した。

森づくり講座受講生募集の開始は七月一日、締切りは七月一六日とし、募集の手段はダイレクトメール・市広報の緑区版七月号・町内会へ依頼する回覧などを使った。募集期間が短かったせいかどうか、最初応募者が少なく、締切り一週間前で二〇人程度だった。五〇名は集めると公言していた私たちは焦り、隣接の霧が丘団地や三保のフォレストヒルズなどに、自分たちの足で数千枚のチラシ配りをすることにした。

参加したのは私のほか、田並さん、土屋真美子さん、山田亜紀子さんと女性ばかり、朝からひどい雨で、四人ともずぶぬれになった。お昼をすぎたが食堂もない。あとになって私たちはきつかったこのときの思い出話をよくしたが、この行動は予想以上の効果を生んだ。

応募者はどんどん増え、締め切ってみると五〇人の定員をオーバーし、最終的に六〇人を受け入れた。

「講座をやっても、新治に定着してくれなければ意味がない」という意見が土地所有者から出ていたこともあり、応募条件に「四〇〇字の応募動機を書くこと」というハードルを設けていた。参加費は要らないが、永く新治に関わっていこうという熱意は要る、ということを伝えたかったからである。最初、応募者が少なかったのは四〇〇字のせいかと気になっていたが、結果はそんな心配を吹き飛ばすものだった。

「新治の森は地域に残された貴重な緑であると思っています。休日にはよく谷戸沿いや森のなかを散策します。しかし森のなかを覗くとゴミが散乱していたり、素人目にも十分な手入れがされていないと以前から気になっていました。

貴重な森を将来に向けて守っていくことは地域住民の責務であり、何かお手伝いしたいと思っていましたが、民有地なのでなんとなく傍観するだけでいました。

今回『森づくり講座』募集を知り、単に技法だけでなく専門家の講義を含む内容なので、非常に有意義だと思い応募しました」

これは応募動機を語る最も典型的なものである。今でも田並さんの手元に残っている皆さんの書いた文は、実に一人ひとりの思いがこもっていて、全部を紹介したいくらいである。そうもできないから、私の印象に残っているいくつかを思い出してみる。

「せっかく家の近くに森がありこのような講座があると知ったので、これは申し込まなくちゃと思いました」

「住んでいる近くにまだ森が残っていること自体が奇跡で、都市化が進んでしまった横浜市で、このような企画があるなんてとてもうれしく思います。みんなで森を守っていきたい。いくらでも協力させてもらいます」

「これまで各地に住みましたが、この横浜の緑区にある数々の森には感心しました。講座を受けて新治市民の森の育成にたずさわられれば幸せです」

「森はよく歩きますが、立木が倒れたままになっていて今後どうなるか心配でした。今回その手入れに協力できると知り、ぜひとも参加したく申しこみました」

「自然を大切にするボランティアに参加することは何十年も前からの願望で、やっとその機会が見つかり応募する次第です。なにとぞ森の保全育成等に参加させてください」

「関心はあっても、どのようにしたら個人が森にかかわったものかわからなかった」

六〇人の人々はほとんど徒歩圏に住まわれている。みどりの大切さを感じ、自身がその担い手になるキッカケを得たいと思っていた人が、地元にいかに多かったかを改めて知った。

私はこれらの文を読んだだけで「人を得た！」と確信した。人を得れば半ば成功したようなものだ。

このやる気十分の市民の方々を土地所有者・地元の皆さんといい関係を作れるように橋渡しするのが私たちの仕事である。

二―五　森づくり講座の展開

そこで、こうして集めた受講生を対象に全一〇回の講座を組んだ。翌年三月末が「市民の森」開園だから、講座終了後の愛護会づくりという大仕事の期間を考えれば講座は一二月中に終えねばならない。ちょうど六か月。月二回の開催になる。

仕事の早い展開は田並さんと私の性分に合っているところだが、他にもたくさん仕事があるなかで、毎月休日二回の出は相当きつかった。受講生の側も同じである。後に多くの感想が出された。

森づくり講座スケジュール表

月	日	講座内容
7	25 日	■第1回講座 ＡＭ　講義：歓迎のあいさつ 講座の進め方の説明 市民の森制度とは（愛護会、委託管理） ＰＭ　森歩き：森を知る・森の見方を学ぶ
8	21 土	■第2回講座 ＡＭ　作業：園路沿いの草刈り、草払い機講習 水路のゴミ拾い ＰＭ　意見交換：「ふるさと新治、ふるさとにしたい森 ～顔の見える関係づくり～」 自己紹介、森歩きや作業の感想
9	11 土	■第3回講座 ＡＭ　講義：新治の生き物 ＰＭ　作業：雑木林の調査
	19	■第4回講座 ＡＭ　講義：竹林の生態系（雑木林との関係） ＰＭ　作業：竹の除伐、集積（雑木林を竹から守る）
10	9 土	■第5回講座 ＡＭ　講義：竹林の保全の方法 ＰＭ　作業：竹林の調査、竹の間伐
	17 日	■第6回講座 ＡＭ　講義：スギ・ヒノキ林の手入れの方法 ＰＭ　作業：スギ・ヒノキ林の間伐 ①細いスギ・ヒノキ林の間伐 ②スギ・ヒノキ林の林床整理
11	6 土	■第7回講座 ＡＭ　講義：スギ・ヒノキ林の生態系 ＰＭ　作業：間伐の続き 材の搬出
	27 土	■第8回講座 ＡＭ　講義：森の恵みの活用 ＰＭ　作業：愛護会準備会立ち上げ式 【土地所有者の方々との交流会】
12	11 土	■第9回講座 ＡＭ　講義：雑木林の保全の方法 ＰＭ　作業：雑木林の皆伐
	18 土	■第10回講座 ＡＭ　修了式：まとめ 参加者との意見交換 「森でしたいこと」 終了証明書の授与 ＰＭ　忘年会【土地所有者の方々との交流会】
1～2		■月に2回程度の運営委員会（平日夜） ■月に2回程度の森の手入れ作業（休日昼間） 竹柵づくり（タケノコの保護）、炭窯づくり等
3		■3月上旬に愛護会設立総会 ■3月中旬に開園式

「回を重ねるごとにハードになった。でも、がんばった」「月に二回休まず出るのはきつかった」と。

講座の内容は、「森の見方」に始まり、雑木林・竹林・スギヒノキ林それぞれの手入れなど、これからの市民の森の保全育成活動に役立つ知識や技術を習得できるものとした。午前が講義、午後が森に入っての実習という組立である。室内講義の場所は「新治自治会館」をお借りし、以後毎回ここが会場となる。

七月二五日の第一回講座開催に先立って、私たちはいくつかの準備をした。まず道具の取り揃えである。主要な道具となる「ナタ・ノコセット」やカマは「よこはまの森育成事業」で買いそろえていたので六〇人分をまかなえた。

奥津さんが開いて間もない園芸店「アグリファームス」は、作業基地としてかっこうの位置にある。「講座のときは、いつでもどうぞ」と言ってくれていたのに甘えてその倉庫を借り、道具を運び込んだ。毎回実習のときの集合解散地点に使わしてもらい、道具の手入れ用の水を勝手に使ったり、奥津さんの商売のじゃまになったのではと気になるほどだった。

二―六　郷土愛がつちかった森

もうひとつは仲丸さんのお宅訪問である。前に言ったとおり、仲丸さんは土地所有者であるとともに新治自治会の会長なので、自治会説明の打ち合わせとか、回覧していただくものを届けるとか、短い間に何度お宅を訪ねたかわからない。

だからお近づきになってほどなく、私たちは名前を覚えてもらえた。仲丸さんは人と話すとき決まって「筆ペン」をとり出し、話に出てくる人の名前を達者な字でメモされるのだが、その名前を覚えるまで、いつもちょっと時間がかかるのに私たちの場合はすぐだった。

仲丸さんを訪ねたのは事務連絡だけではない。講座の大きな目的は、今後の森をになう一般受講生と地元の人々との融和をはかることにあったから、まずは受講生に新治の地誌の一端を知ってもらうことから始まると考えた。

舞岡の谷戸に細かく地名がついていたように、ここも古くから呼ばれている地名が残されているにちがいない。それを教えてくださいと仲丸さんに頼んだのである。仲丸さんは実に意欲的に調べてくれた。地図に地名を落とし、そのいわれも調べてくれた。また湧き水の位置とか碑の跡とか、名木・大木だとか、まさに私たちが知りたかった情報を的確に教えてくれたのである。

両者がこんなに息が合うようになれば、講座の成功はもう保証されたようなものである。私は初期の講座で使えるように、これをもとに大きな地図を作った。また整備工事では、地名標識にこれを採用することにした。その結果「やまんめ山」や「へぼそ」など、いま、あまり知られなくなっている昔の地名が新たな話題を呼んでいる。

遅くまで仲丸家の縁側でこんな話をつづけるうちに、私たちは仲丸さんだけでなく同家の飼い猫とも仲良くなった。

ここで話を少し脱線させるが、仲丸さんとお会いしているとき私は、もう何年も前の舞岡公園時代にお世話になった舞岡第三町内会長の北見貞治さんをよく思い出した。北見さんは当時、農専協議会議長もしていて地元の信望が厚く、同時に私たちの事業をよく理解してくれていて、なにかというと相談に行ったものである。顔つきはまるきり似ていない二人だが、こういうところが共通しているから、久しくお会いしていないのに北見さんを思い出したのだろう。新治・舞岡はともに、谷戸地形で環境が似ていることもあろう。事実私は「新治」を「舞岡」と時々言い間違える。

「共通」と言えば他の市民の森でも、たとえば氷取沢の金子さん、瀬上の内田さん、釡利谷の石井さんなど中心になる人が、先人から引き継いだ山を守り地域の発展につくしている姿に、共通して持っている「強い郷土愛」を見るのである。

ともあれ、最初の仲丸家訪問の時の田並さんと私は、縁先に掛けさせてさえもらえなかったが、いまでは野菜のお土産を持たせてくれる。最近では、私が新治を訪ねていて仲丸さんが現れると、みんなが「お友達がきたよ」と言って冷やかすのである。

二―七　倒した木の重み

森の講座第一回の冒頭で、その仲丸さんが挨拶にたった。今まで森を保持してきた苦労を語ったあと、一段と力強く言った。

「とうとうこの日がきました。皆さんよろしくおねがいいたします！」

第二回は八月、草刈りの実習である。実習といっても、森の入口や園路をきれいにするのと、地元との共同作業の時間をもつ、というのが目的である。草払い機の使用希望者には、地元の金子さんや平本さんに持ってきてもらった機械を使い、取り扱い方までを指導してもらう。

午後は地元・土地所有者の方々の話を聞き、受講生との意見交換の時間にあてた。私たちの願いのこもった座談会の名は「顔の見える関係づくり」、双方が少しだけ近づいたはじめての交流だった。司会役の吉武美保子さんの声にも力が入ってくる。壁に張りだした例の昔の地名入りの地図は、話題提供の役を果たして大好評で、プリントして配ってほしいとの希望も出た。

第三回は九月、植生調査や生き物の話、北川淑子さんや大沢啓志さんなど市民団体の有志が何人も助っ人にきてくれ、懇切な指導を受けて「たいへん勉強になった」と受講生に好評だった。

第四回と第五回がやはり市民グループのリーダー・平石真司さんの指導による竹の調査と作業。第六回と第七回が、あの保土ケ谷桜ケ丘緑地でのグループづくりをともにやった浜田正幸さんを迎えてのスギ・ヒノキ林の講義、間伐・材の搬出とつづいた。

炎天下の八月から冷え込みのくる季節まで、確実に月二回の作業はハードにちがいなかったが、受講生はほとんどが皆勤で、熱心に、楽しそうに参加していた。

地元・土地所有者の「市民はすぐに飽きてしまうのではないか」といった不安を解消するのに「言葉」はいらなかった。「新治のみどりを守るための力になりたい」という一念

■講座風景・間伐材は搬出しやすいように1メートルに玉切り

からの受講生全員の頑張りは、講座最終日の一地権者の発言、「地主だけでは山を守れない。これからは市民と力を合わせていこう」を導くこととなる。

しかし、山林所有者と市民が本当にわかり合うのは、そう簡単ではなかった。愛護会づくりのコア・メンバーとなった二五人の「運営委員」が最初に集まったときである。

まず運営委員一人ひとりがこれからへの思いを語っていた。市民は当然ながら、自然の大切なこと・森の活用の夢などを語る。

これに対し地権者の方たちから出るのは、「やまの手入れは長い時間がかかる。甘いもんじゃない」「皆さんの言っているのは目先のこと。地権者のことも考えてほしい」といった辛口発言だった。

市民はいつでもやめられる。土地所有者は逃げられない。宿命的相違。双方が理解し合うというのは、実はたいへんなことなんだ。地権者の「遊びじゃないんだ」を、みんなが本当にわかるには、もっともっと汗を流し実際の作業をつづけることを通してしかない。みんな会議の終わりに、このことに気づいたと思う。

このすぐあとの一二月一一日、講座の第九回は、雑木林の間伐とホダ木に利用するための搬出作業だった。ここで全員ヘトヘトになるまで働いた。

このときの講師である中川重年さん（現・神奈川県自然環境保全センター）に、運営委員会のことなど伝えていないから、中川さんがわざとみんなをしごいたわけではない。中川さんは、森に体重計を持ちこんでいた。それで倒した木の重量を量る。

「木というのは、一本でこんなに重いんですよ」

山仕事、特に搬出がどれほどたいへんな仕事か、中川さんは体験させたかったんだと思う。野外での実習はこれで終わった。

二―八　行政は脇役、市民が主役

「森づくり講座」は、一二月一八日第一〇回をもって終了した。中途退学者はほとんどいない。

修了レポートの課題はなかったが、一人ずつ感想を述べたなかで、何人もが言ってくれた。

「よそではこんな講座をしてくれてない」

「緑政局の方、休日もなく、相当苦労されたと思う」

「すばらしい講師を連れてきてくれて、ありがとう」

仲丸さんが言った。

「新治は、過去いろんないきさつがあった。私はいま皆さんの意見をジーンとして聞いていた。他の市民の森に負けない立派な森にしたいので、皆さん！　よろしくおねがいします」

私の番がきたとき、たくさん語りたいことがあるなかでこんなことを言った。

「運営委員会で、加藤さんが、山の手入れは遊びじゃない、と強く言われたので、地権者との関係を懸念する意見も出ていました。でも、私たちが講座の開催を提案したとき、まっ先に、やってみな！　と言ってくれたのが同じ加藤さんだったんです。市民の活動に対して期待されているんですよ」

立ったついでに仲丸さんのことも言ってしまった。「受講生の皆さんは、私と仲丸さんはずっと親しい仲と思っているかも知れませんが、実は」とあの「縁先から野菜まで」の裏話をした。

仲丸さんは怒り出さない、という自信が私にはあった。やはり仲丸さんはニコニコ聞いていたし、みんなも大笑いだった。

調子に乗っておしゃべりをつづけてしまった。

「仲丸さんは、他の市民の森に負けない森にしたいと言われたが、私は、もうできているると思う。まだ卵ですが。こんなに熱意のある皆さんがいます。講座は本当に考え抜いて構成しました。皆さんに評価していただいて、仕事冥利につきる思いです」

この日のことを田並さんは後に言っている。

「浅羽さんはよく、仕事をする原動力は感動だよ、と言ってたけど、仲丸さんが涙ぐんでたあのときは、私も感動して涙が出てしまいました」と。

むずかしい地域だから、などと尻込みするどころか、進んで手を挙げた田並さんだから無理もない。裏方をやった農政事務所の牧野さんや飯田さん、荒木さん、緑区役所の五十嵐さんなど、市側の出席者はみんな同じ思いだったと思う。

「行政は脇役。主体は市民」。言うのはたやすいが、徹するには蓄積がいる。

受講生から感謝された「すばらしい講師」も、ぜんぶ市民・ボランティアである。「よこはまの森育成事業」五年の間に培ってきた市民との連帯の強さを示すものである。

講座開始以来発行されてきた機関紙「新治通信」が、最終回の模様をよく伝えているので紹介させていただく。

そして講座の最後の一二月一八日は反省会と忘年会で締めくくりました。さて、反省会では多様な意見が出ました。感想として多かったのは、「こんな緑が横浜に残っていることに驚いた」「地主の方々の努力で守られたことに、敬意を表したい」

そして、今後やりたいことは「森の手入れ作業」や「炭焼き」はもちろんのこと、「自然観察」「音楽などの文化事業」「子供も一緒に遊べるイベント」などなど、本当に盛りだくさんでした。やりたいことはたくさん、そして「みんなの力を合わせれば、色々なことができる」という最年長八一歳の芦垣さんの言葉が、今後の可能性を何より表しています。

さて、忘年会はそりゃー賑やかでした。みなさんが自慢料理を持ち寄ってくださったので、料理、酒はとても充実。そして最後にでました、仲丸会長の歌と踊り。「昔、劇団に入っていた」という意外な話が会長から披露されたあと、女形のさわりを一くさり。これにはみんなヤンヤの喝采でした。

平本さんや芦垣さんの歌もあり、なかなか帰る気になれないぐらい、大盛り上がりの忘年会でした。

二―九　森を引き継ぐ者は

明ければいよいよ開園の年である。寒さにめげず、みんなは再度、人の和づくりの共同作業に取り組んだ。

市民の森区域の東北端近くに、新治の里を眼下にできる「向山」という丘がある。登り口にはきれいな流れや、緑区内でもあまり見られなくなったクマザサの群落もあるいいところである。しかし、整備工事のなかでは、ここに園路をつくっていなかった。

「ああいうところに道をつけて、森にくる人にいい景色を見てもらうようにしなくちゃダメだ」

仲丸さんは繰り返しこう言っていた。

工事を変更・追加して業者に作ってもらうことはたやすい。しかし、講座を終えたばかりのみんなと地権者の協力で、向山にトレイル（野道）づくりをするほうが、より大きな意義があるのではないか、私たちは、そう考えた。

まずは、仲丸さんの後について歩いてルートを決め、その地権者の承諾取り、作業分担づくりまでは田並さんと私とでやった。

伐採伐開《ばっかい》・土留めづくり・隣接竹林の整理など五班に分かれて、それぞれが講座の経験も生かしながら二日にわたって働いた。

新治市民の森は、市民と地元・土地所有者との協力によってできた森、それを証すこの「向山ルート」を開園式のとき、森歩きコースとして参列者に紹介しようというのである。

「向山ルート」の最後の仕上げとして業者のお世話になったのは、統一仕様であった標識の設置くらいである。

いや、最後の仕上げは、まだあった。森から集めてきた木の根っこを積み上げて、仲丸さんがオブジェを造った。仲丸さんは、忘年会で女形を演じて喝采を浴びたが、「市民の森」開園式列席者の歓迎モニュメントを製作できる「森のアーティスト」でもあったのである。

市民の森の開園をひかえたある日、私は奥津誠さんから電話をもらった。市民の森の開園後の「アグリファームス」の活用について相談したい、というのである。

行くと、吉武さんや北川さんなどもいて長屋門の二階を見せてもらったあと、奥津さんは私たちを母屋の土間に招き入れてくれて、ビールなどを飲みながら抱負を語った。

「森の産物を材料にいろんなことをしたいですね。あの長屋門を使って森の塾を開きましょうよ。アグリファームスには喫茶コーナーを作って、市民の森に来た人がみどりを見ながらゆっくり休めるようにしたいし」

これが単なる夢でないのは、ちょうど役所を退職する私にぜひ一緒にやろうと本気で誘うのを聞いてもわかった。

奥津さんは本物のオルゴールを持っている。「これはむかし、マッカーサーが聴いていたものだそうですよ」と言いながらかけてくれた。たしかに澄んだ音色である。春のさわやかな風と、オルゴールの調べと、向山の森に芽吹きはじめた木々と。

いただいたビールのせいもあってか、私たちは妙に情緒的なひとときを持った……。


市民の森の開園式は二〇〇〇（平成一二）年三月二六日におこなわれた。

場所は近くの新治小学校・養護学校。区役所では同じ日に森を歩くウォークラリーを実施、大勢の子どもたちが校庭を埋めた。地元町内の婦人会の手でつくられた豚汁がふるまわれ、市の消防音楽隊まで登場、アルプホルンのグループ有志のファンファーレが響く。

式典は田村さんの司会で始まり、愛護会長になった仲丸さんが万感胸に迫るといった調子の挨拶をした。

みんなで拓いた「向山ルート」の入口ではクス玉が割られ、参加者みんながクマザサの小道を辿って森の歩き初めをした。

ところがここに、あの奥津さんの姿が見られなかった。奥津さんは私たちとこれからの夢を語り合ったあと間もなくして、持病の悪化のため入院してしまったのだった。だから、お祝いの四斗樽の鏡を抜くメンバーには本人に代わって母の和子さんが加わった。

開園式ではまた、「新治憲章」が発表された。

「憲章」はあらかじめみんなで練り上げてつくったもので、開園式に参加した一一三名の愛護会員を代表して園部さんが力強く朗読した。

開園式から半年がたった十月半ば、寝耳に水の訃報を受けて私は驚愕した。突然の知らせは「奥津誠さんの死」だったのだから。一緒にやりましょうと呼びかけてくれたのに、なぜこの若さで逝ってしまったの、と叫びたい気持だった。

奥津家の系譜は、当地の草分け農家として江戸初期までさかのぼることができ、何代か名主もつとめた村一番の資産家であった。このような四百年の歴史を引き継いだ若き当主の奥津さんは、祖先たちが守って自らの代に伝えた森を現代に生かそうとして、私たちに夢を語っていたのである。

実は私は退職のとき、奥津さんから一通の手紙をもらっていた。その中にこんなくだりがある。

「新治市民の森では浅羽様の仕事おさめ盛大でおみごとでした。これからはプライベートな私のよき先輩になって下さい。そしてアグリファームスへはぜひいらしてください。一日でも早くお会いできるのを楽しみにしております……」

市役所の一担当者にあてたものとは思われない、こんな心温まる手紙をいただいたが、「来てください」といわれたアグリファームスは奥津さんが病に倒れたあと閉鎖され、いまでは巨大な温室が奥津さんの夢の跡をとどめるばかりなのだ。

けれどもその夢は、森を引き継いだ市民みんながいつか実現するにちがいない。

あの「新治憲章」は、先人が育て守り続けてきた新治の森を、市民の手で引き継ぐことを高らかに宣言しているのである。

だから私は、「憲章」をここでもう一度読み上げてみたい。開園式での朗読を聞けなかった奥津さんに届けたいから。

新治憲章

私たちは緑あふれる森をこよなく愛しその恵みに感謝する市民です
長年にわたり地域の方々の暮らしの中で維持されてきた新治の森は都市に残された奇跡ともいえる森です
今昔ながらの谷戸の景観をそのままに広く市民が緑を守り育てる場として開かれようとしています
この森を人間との新たな共生により生き生きと蘇らせ未来の子どもたちに引き継ぐことを私たちの合い言葉としてここに憲章を定めます
一　私たちは郷土愛により培われてきた新治の風土とそこに根ざした里山文化を大切に引き継いでいきます
二　私たちは愛護活動を通して豊かな緑と将来にわ

■開園式での憲章朗読

三　たる担い手を育て魅力ある森づくりを進めます
　私たちは森づくりに共感する人々がこころに描く森の姿を共有しそれぞれ協力してみんなの森をつくります

終章　平職で歩んだ道のゴール

一―一　市民がくれた理事の肩書

私は一九四〇（昭和一五）年生まれなので、六〇歳の定年は、きりのいい西暦二〇〇〇（平成一二）年に迎えた。三七年前市役所に入ったころは、自分がどういう退職のしかたをするかなんて考えもしなかった。ただ、当時もった「平職で終わるのではないか」という予感、これは当たった。

横浜市では、管理職になるには必ず係長試験に受からなくてはならない。だが私は、試験自体をただの一度も受けなかった。一定の年齢に達すると「主任」になるが、これは名刺に書くような肩書にはならない。

管理職にならなかったゆえに、変わらなかった最たるものは「気分」であろう。気が若いというのは年齢と正比例しない。平職の私は偉そうにする必要もないし、若い後輩とは、いつまでも対等な関係だから年齢を意識することがないのである。

だから私は、いつのころからかどんな年少者にも「君」づけをせず、すべて「さん」づけで統一してきた。三〇歳年下の人でも、私を役職名では呼べないから「浅羽さん」である。まさに対等な関係ではないか。

私は、管理職排すべしの主義をもっているわけではない。管理職になるとどうしても漂ってくる「お役人臭」が好きでないだけで、管理職・平職さまざまいる地方公務員の群れのなかの、平凡な一人が私である。

だから、出版社から本づくり話を持ちかけられたときは、しばし躊躇した。でも、昨今あちこちから注目されだした「舞岡」や「新治」など、横浜市における市民との協働作品づくりの過程をリアルに語れるのは、直接の担当者だった私ならではないかと自覚した。

いきおい、話の中心はこの二つになった。だが「舞岡」も「新治」も、まだ事業の途中である。「舞岡」は隣接の道路工事や区域拡張、小菅ヶ谷地区での公園計画との関連などをめぐって、これから新たな展開が出てくると思われる。どのような場面でも、「舞岡憲章」に凝縮された理念を忘れることなく、生き物のにぎわいのある谷戸・豊かな里山づくりをめざしてほしい。

「新治」も、私が書いたのは物語の「序章」にすぎない。

新治ものがたりの次の章は、想像もしなかった事態の急転回で始まる。というのは、奥津誠さんの死後、残された邸宅・長屋門・土蔵と、巨大温室を含むアグリファームス跡地一切が、奥津家遺族から市へ寄贈されたのである。

市内最大の市民の森があり、その保全を担う市民がいて、農家と農地が存在し続けている新治、その里山景観に欠かせない旧名主家の住居と長屋門・土蔵などが、市民利用可能な施設として、加えられたことになる。

まさに奥津さんからのビッグなプレゼントであった。

横浜市では、これらを公園として活用する計画をたてているが、「北の森」全体構想に位置付けられた、地域の核となる公園として登場するならば、天国の奥津さんの喜びもひとしおであろう。

また次代の担当者が書き加える新治ものがたりは、大都市横浜に残された里山の持つ機能を発揮し、持続可能な社会のさきがけとなるような「舞岡を越えた独創的な公園づくり」の物語となることを切に期待したい。

集まった「みどり大好き人間」の魅力的な群像を、今回はスペースの都合で書けなかったのが残念である。書けなかったことといえば、在職期間の半分にあたる、公園管理の時代のさまざまな実際経験のこともそうで、これはこれで一つの物語ができそうな中身があった。

また、苦楽をともにしてきた造園職仲間の仕事ぶりの紹介や、まだたくさんあった市民グループとの交流などにも筆が及ばなかった。

現代横浜の特徴的な公園については、第二部でひととおり紹介するつもりだったが、港北ニュータウンや海の公園など、割愛したものも多い。一人で語るには、横浜の近代公園一三〇年史は豊かすぎる。

私を横浜市役所に推薦してくれたときに千葉大学の小寺教授が言った「横浜市はこれからだ」というのは確かだった。そのときの都市公園面積一九七ヘクタールが、いまは一四七六ヘクタール。制度もなかった「市民の森」は三八七ヘクタール、いまも増えつづけている。私自身はそのごく一部にたずさわっただけだが、私の在職期間は、公園や緑地保全の急成長期に一致しているのである。

公園面積の増加状況

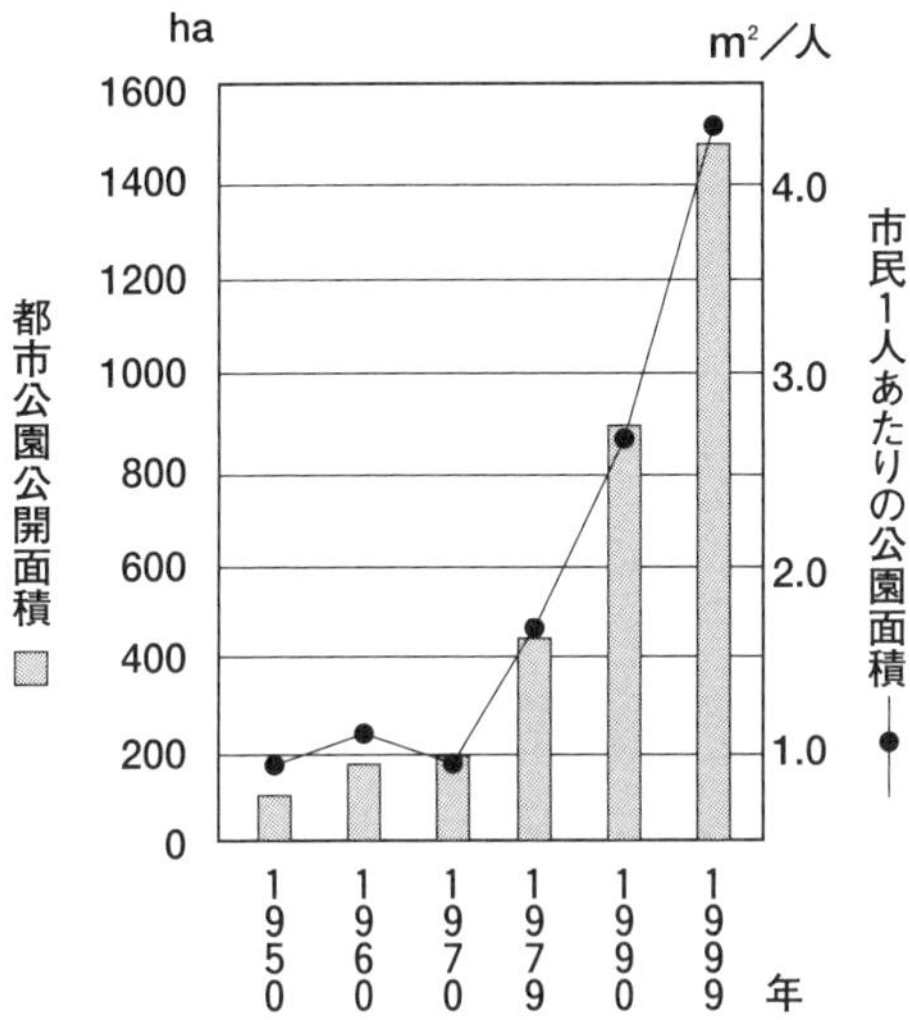

　数だけの問題ではない。急激な都市化の昇り道を駆け上がってきた横浜市は、街づくりの苦闘のなかで数々の独創的な試みに挑戦してきた。

　公園とみどりの分野でも同様に、「市民の森」に代表されるさまざまの創意的な「横浜方式」を編みだしたことは、本文で紹介したとおりである。その到達点のひとつが「市民と行政との協働」であった。

過去、「市民参加」とか「市民が主人公」といった言葉は、行政側が都合よく使う単なるうたい文句だと受けとめられがちな面があった。事業にあたって形ばかりの「住民参加」の場をつくるとか、「市民への安易な肩代わり」にすぎなかったりといった例が、まま見られたからである。

だが近年横浜市では、いろんな行政分野で市民との「パートナーシップ」の仕組みづくりが進んでいる。「パートナー」だから両者は対等である。「利用」でも「依存」でもない、このような「市民参加」の新しいありかたのモデルとなった「舞岡」や「新治」は、行政と市民を両親として生みだされた、すぐれて横浜っぽい「みどり児」なのだ。

その誕生の現場に直接立ち会えて、限りない満足感を得ることができたのは、私が小寺教授の示唆にさからって「局長」にならず、反対に「平職」の道を歩きつづけてきたからである。

しかも森づくりは、役所での仕事で終わりではなく、退職後につづくライフワークに発展した。特定非営利活動法人（ＮＰＯ）「よこはま里山研究所―ＮＯＲＡ」の理事にと請われ、一市民として、ここの活動にかかわっているからである。

市役所を卒業して、はじめて私は肩書をもらった。市役所でいえば局長級の職名である

「理事」、それを「市民」から！

一―二　最高の贈物――市民による胴上げ

二〇〇〇（平成一二）年の春に、私は多くの感動的な経験をした。まず、退職にあたって二〇回近い送別会に招かれたが、どこでも若い仲間たちにかこまれた。対等な関係を保ってこられた平職だからこそである。

また、市民から送別会をしてもらった役人も、そういないのではないか。場所はあの舞岡公園。十文字さんや小柳さんたちと交わした数々の喜怒哀楽、思い出溢れる場所を選んでくれたのも感激である。

後日、十文字さんが書いた文章から、この日のことを語った部分を引用させていただきたい。

　この三月、横浜市役所のある職員が定年退職した。そのことを祝うための集い、題して「浅羽さん卒業おめでとう！の会」。

　五〇人ほどの参加者のほとんどは、彼の仕事を通じて親交のあった市民であり、それに彼の同僚有志をまじえて、という顔ぶれである。

当日の主役・浅羽良和さんはながく緑政局に勤務した人だ。……私の知る限り、出世求めず、昼夜を問わず、議論いとわず、偉そうにせずといった風の、かの組織ではかならずしも一般的ではない姿勢での市民とのやりとりが、「パートナーシップ」の良き実例を数多くもたらすにいたった。それを感謝する市民、そして職場の同僚が共同で用意したのがこの日である。

宴は舞岡公園の古民家で持たれた。

この茅ぶきの家も、彼と市民の共同作品のひとつである。会は四月一日、すなわち彼が市職員としての配慮から、つつがなく解放された日をもって行われた。

当日は、彼と縁のある人びとからのメッセージがビデオで流され、参加者もそれぞれが浅羽さんとの思い出を語り、そしてもちろん本人による挨拶兼よもやま放談である。私も以前からうすうす知ってはいたのだが、この時の浅羽さんの名調子たるや講談師、漫談師なみだった。

そもそも、あるべき自治体職員にとって不可欠の要素とは「人間好き」ということではないか、などとその時を振り返りつつ私は思う。

そもそも、人とのやりとりに好んで身を置かずして、彼ら彼女らは、自らの仕事の成果を一体どこで味わえるというのか。

当然のように大挙しての二次会、その後、戸塚駅構内での胴上げをもって、この日の集いは無事終了した。〈後略〉

（アリスセンター・らびっと通信二六二号「ある〝公共性の風景〟」）

恐縮ながら、長い引用をしてしまったが、それは……。

市職員生活三七年を平職として歩み、みどりをとおした市民奉仕の仕事をつづけてきて、そのゴールに待っていたのは、〝公務員として最高の名誉、〝市民から受けた胴上げ〟だった、この感動の結末を伝えたかったからである。

主要公園・市民の森等の位置
美しが丘公園
剣山公園
あざみ野
寺家ふるさと村
こどもの国
たちばな台公園
もえぎ野公園
桜台公園
青葉区
青葉台
田園都市線
山崎公園
鳥山公園
山田富士公園
都筑区
日吉
綱島市民の森
センター南
都筑中央公園
せせらぎ公園
綱島公園
鴨池公園
港北区
綱島
東横線
茅ケ崎公園
仲町台
地下鉄
港北ニュータウン
長津田
北八朔公園
十日市場
東名自動車高速道路
新治市民の森
大倉山公園
県立三ツ池公園
みその公園
小机城址市民の森
新横浜公園
獅子ケ谷市民の森
中山
菊名
霧ケ丘公園
馬場花木園
緑区
横浜線
小机
鶴見
潮田公園
大貫谷公園
三保市民の森
新横浜
菊名池公園
鶴見区
入船公園
鶴見線
県立四季の森公園
岸根公園
横浜動物の森公園
長坂谷公園
神ノ木公園
ふるさと尾根道緑道
神奈川区
瀬谷中央公園
矢指市民の森
反町公園
瀬谷市民の森
京浜急行
常盤公園
相模鉄道
三ツ沢公園
瀬谷
旭区
ポートサイド公園
岡野公園
横浜
瀬谷区
希望ケ丘
二俣川
東海道新幹線
臨港パーク
西区
長屋門公園
保土ケ谷区
赤レンガパーク
県立保土ケ谷公園
掃部山公園
桜木町
山下公園
瀬谷貉窪公園
こども自然公園
東海道本線
開港広場
野毛山公園
関内
清水ケ丘公園
横浜公園
港の見える丘公園
横浜市児童遊園地
南区
大通り公園
元町公園
井土ケ谷
山手イタリア山庭園
三王山公園
山手公園
本牧海づり施設
いずみ野
こども植物園
東戸塚
山手
弘明寺公園
泉区
根岸森林公園
中区
本牧山頂公園
下永谷市民の森
本牧臨海公園
しらゆり公園
岡村公園
三渓園
谷矢部池公園
根岸
本牧市民公園
泉中央公園
磯子区
上大岡
戸塚区
上永谷緑地
久良岐公園
戸塚
磯子
宮谷西公園
横浜市営地下鉄
天王森泉公園
舞岡ふるさと村
戸塚公園
日野中央公園
まさかりが淵市民の森
舞岡公園
港南区
新杉田
戸塚西公園
新杉田公園
京浜急行電鉄
ウイトリッヒの森
金井公園
根岸線
洋光台
富岡総合公園
飯島市民の森
小雀公園
峯市民の森
富岡八幡公園
東俣野中央公園
千秀公園
本郷ふじやま
富岡西公園
金沢緑地
本郷台
瀬上市民の森
長浜公園
上郷市民の森
氷取沢市民の森
大船
栄区
釜利谷市民の森
小柴崎緑道
荒井沢市民の森
金沢自然公園
金沢区
横浜自然観察の森
金沢海辺の散歩道
金沢文庫
円海山北鎌倉近郊緑地保全地域
海の公園
金沢八景
六浦
野島公園

関連年表

年		公園・みどりの関連事項	舞岡関連事項	できごと
1859	安政6			横浜開港・「横浜町」となる
1870	明治3	山手公園開設		
1876	9	彼我公園(横浜公園) 開設		
1889	22			市制施行・人口12万人
1914	大正3	掃部山公園開設		
1923	12			関東大震災
1926	15	震災復興野毛山公園開設		
1930	昭和5	山下・神奈川・元町公園開設		
1941	16	防空緑地決定(保土ヶ谷・三ツ池)		太平洋戦争開始
1943	18	弘明寺公園開設		
1945	20			太平洋戦争終結
1949	24	三ツ沢公園開設		
1951	26	野毛山動物園開園		市人口100万人突破
1955	30			三ツ沢を中心に第10回国体
1956	31	野島公園開設		
1958	33	横浜市公園条例制定		
1959	34			市庁舎現在地へ移転
1962	37	港の見える丘公園開園		
1963	38	反町公園開園		
1964	39			東京オリンピック開催
1968	43	横浜市宅地開発要綱制定 新・都市計画法施行		市人口200万人突破
1969	44	本牧市民公園開園・円海山近郊緑地特別保全地区指定		
1971	46	「緑政局」誕生・緑地保存特別対策事業実施要綱制定		
1972	47	こども自然公園開設・市民の森(飯島・上郷・下永谷・三保)開園		市営地下鉄開通
1973	48	緑の環境をつくり育てる条例施行	戸塚市民公園構想	
1975	50		野庭農専地区指定	
1977	52	根岸森林公園開園		
1978	53	横浜スタジアム・大通り公園開設		
1979	54		舞岡農専地区指定	
1981	56	緑のマスタープラン策定	一期区域都市計画決定	よこはま21世紀プラン策定
1982	57	金沢自然公園開園		
1983	58	金沢緑地完成	まいおか水と緑の会設立	みなとみらい21事業着手

1984	59		会、公園使用許可を取得 公園基本計画策定	
1985	60			市人口300万人突破
1986	61	横浜自然観察の森開園	公園施設整備工事着手	
1988	63	海の公園開園	二期区域都市計画決定	
1992	平成4		公園一部開園	
1993	5		開園式・「育む会」発足	
1994	6			ゆめはま2010プラン策定
1995	7		古民家復元工事完成	
1996	8		公園全面開園 舞岡ふるさと村開設	
1997	9	横浜市緑の基本計画策定		
1998	10	横浜国際総合競技場開く		
1999	11	横浜動物園（ズーラシア)開園		
2000	12	新治市民の森開園	公園管理運営委員会発足	
2002	14	森づくりボランティア育成・ 支援要綱制定	10周年・シンボルマーク制定	中期政策プラン策定・W杯 開催

本文に出てくる公園等の一覧

名　称	種別・面積(ha)	到達経路の例	ポイント	問合せ先TEL 市外局番045
山手公園	近隣　2.7	JR根岸線石川町駅歩15分	テニスコート・Pなし	中部公園 緑地事務所 711－7802
横浜公園	総合　6.3	JR根岸線・地下鉄関内駅歩5分	横浜スタジアム・Pなし	
山下公園	風致　7.4	横浜駅東口よりシーバス15分	氷川丸・P有料	
港の見える丘公園	風致　5.6	横浜駅東口よりバス20系統 「港の見える丘公園」下車	大佛次郎記念館・P有料	
元町公園	近隣　2.0	みなとみらい線元町・中華街駅 歩5分(H16.2.1以降)	50mプール・弓道場・Pなし	
山手イタリア山庭園	近隣　1.3	JR桜木町駅よりバス11系統 「イタリア山庭園前」下車	ブラフ18番館・Pなし	
根岸森林公園	総合　18.1	JR根岸線桜木町駅よりバス 「旭台」下車	広い芝生地・P有料	
弘明寺公園	地区　4.5	京急弘明寺駅下車すぐ	25mプール・Pなし	
大通り公園	地区　3.5	地下鉄伊勢佐木長者町駅・ 坂東橋駅下車	野外ｽﾃｰｼﾞ・噴水・Pなし	
本牧臨海公園	風致　3.6	JR根岸線桜木町駅よりバス 「本牧市民公園」下車	八聖殿・展望台・Pなし	
本牧市民公園	総合　10.3	JR根岸線桜木町駅よりバス 「本牧市民公園」下車	中国庭園・トンボ池・P有料	
舞岡公園	広域　28.5	地下鉄舞岡駅下車歩25分	P有料	
天王森泉公園	地区　3.4	戸塚駅西口ターミナルよりバス 「ドリームハイツ」歩15分	旧製糸場の館・Pなし	
富岡総合公園	総合　21.9	京急富岡駅よりバス 「東富岡」下車歩3分	アーチェリー場 P有料	南部公園 緑地事務所 831－8484
野島公園	総合　17.6	京急金沢八景駅より シーサイドライン「野島公園」下車	展望台・キャンプ場・P有料	
海の公園	総合　34.3	京急金沢八景駅より シーサイドライン「幸浦」下車	人工砂浜・P有料	
岡村公園	地区　6.8	JR磯子駅よりバス 「岡村天神前」下車歩3分	野球場・テニスコート・梅 P有料	
三ツ沢公園	運動　30.0	JR横浜駅西口よりバス 「三ツ沢総合グランド」下車	平沼体育館・P有料	北部公園 緑地事務所 311－2016
岸根公園	運動　14.0	地下鉄岸根公園駅下車	野球場・県立武道館・P有料	
横浜市児童遊園地	風致　14.0	JR横浜駅西口よりバス 「児童遊園地入口」下車8分	隣接して「こども植物園」あり	
反町公園	近隣　2.4	東横線反町駅下車歩5分	広場	
綱島公園	近隣　2.8	東横線綱島駅下車歩8分	プール	
神ノ木公園	地区　4.2	JR横浜線大口駅下車歩8分	野球場	
常盤公園	地区　4.9	JR横浜駅西口よりバス202 「常盤園前」下車3分	弓道場・テニスコート	

みその公園	歴史　0.5	JR鶴見駅よりバス 「神明社前」下車歩5分	市文化財指定の屋敷	
掃部山公園	近隣　2.4	JR根岸線桜木町駅歩10分	能楽堂・桜	
こども自然公園	広域　46.4	相鉄線二俣川駅南口バス 「万騎が原大池」下車	ちびっこ動物園・P有料	西部公園 緑地事務所 351－5024
長屋門公園	近隣　3.5	相鉄線三ツ境駅歩20分	古民家・Pなし	
北八朔公園	風致　6.9	JR横浜線中山駅よりバス 「大池下」下車	池・P有料	
野毛山公園	総合　9.6	京浜急行日ノ出町駅下車歩15分	動物園(無料)・50mプール	231－1307
横浜動物の森公園	広域　35.9	JR横浜線中山駅・相鉄線 三ツ境駅よりバス「横浜動物園」	動物園(有料)・P有料	959－1000
金沢自然公園	広域　57.7	京急金沢文庫駅よりバス 「夏山坂上」下車	動物園(有料)・P有料	783－9101
新横浜公園	運動　16.8	JR横浜線新横浜駅歩15分・ 小机駅歩5分	国際総合競技場・P有料	477－5000
本牧海づり施設	(港湾緑地)	JR根岸線桜木町駅よりバス 「海づり桟橋」下車	入場有料・P有料	623－6030
臨港パーク	(港湾緑地)	みなとみらい線みなとみらい駅 歩3分(H16. 2. 1以降)	汐入りの池・P有料	221－2124
日本丸メモリアルパーク	(港湾緑地)	JR根岸線桜木町駅歩5分	帆船日本丸	221－0280
新港パーク	(港湾緑地)	JR根岸線桜木町駅歩15分	階段状の親水護岸	
赤レンガパーク	(港湾緑地)	JR根岸線桜木町駅よりバス 「赤レンガ倉庫」下車	赤レンガ倉庫・P有料	211－1555
三ツ池公園	(県立)29.7	JR鶴見駅西口よりバス 「三ツ池公園北門」下車歩3分	三ツの池・運動施設・P有料	581－0287
保土ヶ谷公園	(県立)34.7	JR横浜駅西口よりバス 「保土ヶ谷球場前」下車	球場ほか運動施設・P有料	331－5321
寺家ふるさと村		田園都市線青葉台駅よりバス 「鴨志田団地」下車歩5分	体験温室・陶芸舎・四季の家	962－7414
舞岡ふるさと村		地下鉄舞岡駅下車歩5分	虹の家	826－0700
三溪園	17.5	JR横浜駅東口よりバス 「本牧三溪園前」下車	鶴翔閣・P有料	621－0634
横浜自然観察の森	45.3	京急金沢八景駅よりバス 「横浜霊園前」下車歩8分	自然観察センター・Pなし	894－7474

あとがき

「市内観光の《内陸コース》ができました。身のまわりから姿を消した田んぼや雑木林などの景色が、横浜でまだ見られるのです。土に触れ、鳥や虫に出会う新企画！」

このうたい文句に引かれてチラシを見ると、「横浜駅西口–新治市民の森–寺家ふるさと村」の北コース、「舞岡公園で田植え体験・自然観察会・古民家での茶会」コースなどと書かれています。

「ヨコハマは奥が深いんだ。《内陸コース》の観光バスができたんだって？」

「市内で田植え体験ができるって本当？」

地味だけれど横浜のもうひとつの顔として欠かせない「里山」や「谷戸」の存在が話題になっています。バスの運転席のうしろには、森や谷戸に入るルールが掲示されています。

「とって良いのは写真だけ。残していいのは足跡だけ」……あ、これはいま、市民の森に出ている標語と同じです。

＊

……でも、本当にこんな宣伝が出ることはまずありません。

横浜観光の主役が「ミナト」であることは、今後も変わらないでしょう。「みなとみらい地区」のにぎわいに見られるように、市民から遠ざけられていた中心市街地の海辺が広く開放され、だれもがミナト・ヨコハマの眺めを存分に楽しめるようになって、ますます人々を港寄りに引きつけていることにもよります。

《内陸観光コース》ができないもっと大きな理由は、森や谷戸に多くの人を入れるだけの容量がないからです。本書をお読みになって、現地を訪ねてみたいとお考えのあなたには、ご自身の足を運んでいただくほかありません。

「みなとみらい21」の玄関「桜木町」駅から、舞岡へは地下鉄一本、新治へは横浜線一本、ともに一時間以内で行かれます。ミナトと田園、横浜の二つの魅力を一日で味わうことは十分に可能なのです。

現地を訪ねられたあなたが、あのように魅力的で楽しげな、田んぼや森の活動に加わりたいと思われたなら、巻末に乗せた連絡先に問い合わせてみてください。

横浜の森は、あなたの力を待っています。

終わりになりますが、身に余る推薦文を寄せてくださった今村都南雄氏、すてきな解説を書いてくださった須田春海氏に深く感謝申し上げます。

平成一五年七月　　浅羽良和

刊行に寄せて

日本行政学会理事長・中央大学法学部教授　今村都南雄

「市民と行政のパートナーシップ」、この言葉はわが国の自治体行政において流行語の一つとなっている。このごろは、市民と行政だけでなく、民間の事業者もこれに加わって、市民（市民団体）、事業者、行政のパートナーシップによる「新しい公共」の創出が語られる。パートナーシップによる「まちづくり条例」などの制定に加えて、最近では「新しい公共を創造する市民活動推進条例」の制定に踏み切った自治体も出てきている。

いわゆる「公共性の空間」が中央の「官」によって独占され、自治体行政が国の省庁の下請けに甘んじていた従前の仕組みのもとでは、このようなことはほとんどありえなかったであろう。したがって、市民（市民団体）を相手にするにせよ、事業者をそれに加えるにせよ、それらとのパートナーシップの必要性があちこちで語られ、主張されるようになったこと自体は、積極的に受けとめられてしかるべきであろう。明治以来のお馴染みの「官主主義」の構造が崩れつつあることの証左である。

だがその一方で、今でもなお、自治体行政を国の行政と同一視して、それを「官」として一括し、「官民関係」を論ずるのが一般的である。地域レベルの第三セクターについてであっても、「官民共同出資の株式会社」をもってその典型であるかのような論じ方がされ、「官民の癒着」や「官官接待」にまつわる不祥事が報じられたりする。国の行政も自治体の行政もいわば「同じ穴のムジナ」であって、自治体行政も「官」であることに変わりはないというわけである。

さて、どうであろうか。市民と行政のパートナーシップが語られ、少なからぬ自治体においてスローガンにされるようになってからというもの、自治体行政の現場にどれほどの変化が生じているだろうか。パートナーシップというかぎり、市民と行政とが対等の関係にあることが望ましい。パートナーシップを「協働」と言い換えても同じである。どんなに市民との協働を強調したところで、暗黙裏に行政の主導性を前提にしたままのことであれば、それは、現存する非対等的な関係をカモフラージュするためのレトリックにすぎないものとなってしまう。

本書は、横浜市の公園づくりに当たった一人の造園職による、文字どおりの市民と行政のパートナーシップの記録である。著者の浅羽さんは、千葉大学園芸学部造園学科を卒業してすぐ、高度成長期のまっただ中の横浜市役所に入り、二年前（二〇〇〇年）に定年退職されるまでずっと「平職」を通した方であるが、ここでの主たる舞台は「よこはま舞岡公園」と「新治市民の森」の二つの事業である。

浅羽さんには「平職」で通したことの自負がある。舞岡の里山公園を完成させた喜びにひたりながら浅羽さんは、「平職」でいたからこその幸運だったとふりかえる。「本当に市民・住民のための公園づくりをするには、こういう種族が要るんだな、と思うようになった」と自ら記している。住民から「舞岡らしくない工事」という批判を浴びるに及んで、部課長を前に、口先だけでない郷土色豊かな公園づくりの「説教」をしたこともある。定年間際に取り組んだ新治の「市民の森」事業でも同じである。市民講座の設置にあたっての住民との話し合いでは、横に座っている課長をさしおいて、「講座は横浜市が責任を持ってやらせていただきます」と言い切ってしまったりする。そして、いずれも自分が「平職種族」だからできたことだと回顧する。いわく、「型にはまらない思考や行動のできるこういう平職種族が、市民との協働を通した新しい公園のあり方づくりに欠かせない存在だったと思うのである」と。

言われるような「型にはまらない思考や行動」は、はたして「平職」にのみ特徴的なものであろうか。そうだとは思われない。「平職」がすべてそうではないように、課長以上の「管理職」のすべてが型にはまった思考や行動をするわけではないであろう。そんなことでは市民とのパートナーシップなども制度化することが難しい。しかし、その市民とのパートナーシップを、口先のことだけでなく、それぞれの行政の現場において中身のあるものになるには、やはり、「平職種族」の仕事に対する熱意と誠意を必要とする。行政の側にいながら市民と対等な関係を保つことができる「平職種族」は、まさに欠かせない存在であり、パートナーシップ成立の成否がそこにかかっているのである。

退職に際して浅羽さんは、市民による胴上げという「最高の贈り物」を受けたという。そんな稀有な経験をもつ浅羽さんの感動の記録として、本書をひろく推薦したいと思う。

解説三話

環境自治体会議事務局長　須田春海

本来、この解説は、役所勤めを辞め市民活動として公園つくりの中心的担い手となった十文字修氏か、役所勤めをしながらユニークさを失わず八面六臂の活動を展開し続けている石田幸彦氏が適任であろう。私は若年から自治体改革の運動には関心をもち、財団法人という役所に近接した組織に勤めたことはあるものの、白ワイ・ネクタイ不要の生活であり、一度として遅刻の責めを受けることもなく過ごし、上司・規則に拘束されることの極端に少ない職場経験しか持たない。それだけに、この書の作者の気苦労や忍耐、反面としての偉大さなどは判ろうはずも無い。評者失格である。

にもかかわらず編集者の依頼を承諾したのは、私なりの関心事と重なるところを、これまた私なりに発見したからである。そのことを記し責を果たしたい。

一　役所で働くということ

一九七〇年代初頭のことだ。オイルショック前だから、経済成長の神話に曇りもない時期といえようか。東京都庁に勤めた人たちの意識調査を設計する機会に恵まれた。手元に資料が残されていないので、おぼろげな記憶に頼るが、勤めたばかりの若い人たちでも、過半数を超える人々が、都庁勤務の動機に「老後の安定」と「職場の安定」を挙げた。おカネを稼ぐことや何か創造することに関心がある人は役所に近づかない。私のように学生運動から自治体改革に関心を持って仕事に就いた人間からすると、この安定志向の大群はなんとも不気味であった。

当時、市民参加とともに職員参加が盛んに論じられ出した頃でもあったが、そもそも仕事の内容の魅力より、組織の安定に惹かれて働くことを選択した人たちは、一体どういう条件のもとなら働く意欲を持つようになるのか想像が出来なかった。むしろ不信感だけ募らせた。

役所の仕事は、定型化されており、誰が担当してもホドホドの成果が達成できるように組み立てられていること。それが官僚制の宿命で、担当者が替わるたびにサービス内容が変わったのでは、かえって市民にとって不都合であること、などがボンヤリでも判るようになるにはかなり時間がかかった。

ホドホドのサービスをきちんと繰り返すには官僚制は効率的でさえある。仕事が個性で逸脱しないように、事細かに手順などが決められる。個性を殺して組織を生かす、とでも表現できようか。といって、働くのはロボットではない。ヒトである以上感性を持つ。衝突が起こる。その葛藤は、個人の人格の内部でも、個人と組織のぶつかり合いとしても、あるいは個人と個人の反発としても、そんなすべてを入れ込んだ坩堝のなかで、ドロドロとうまれる。

悩ましいのはその葛藤を気分のいい方向に解決する方法が見当たらないことだ。結果は措いておいて、解決手段だけをみた場合、民間企業であれば、産出するサービスが市場でどのように受け入れられるかで、是非の判断が冷徹になされる。公共サービスは難しい。公共サービスは政策で決定される。政策の根幹は法で決まる。法を決めるのは立法機関、決まった事を執行するのが行政機関。自治体の場合いわゆる二元代表制で、この二つの機関の代表が長・議員としてそれぞれに選ばれる。この仕組が衝突したのが二〇〇二年夏の長野である。二つの機関のうち、歴史的経緯もあり行政機関が圧倒的に優位だ。議会議員の体質はどぶ板利権に象徴されるように、合理的判断と遠く個別利害に絡み採られる事がおおく、公共サービスの公正さを保つために警戒されがちである。そこに落とし穴がうまれ、執行機関の裁量の余地が大きくなる。それも公選の長の政策判断を選挙で市民が支持するというならそれなりに判りやすいが、実際は行政現場の裁量である。現場の裁量幅が大きいということは、仕事に当たって自主判断の領域がある、ということであり、仕事はし易くなる要因ともなる。だが実際は異なる。おかしな事にならないために前例が重視される。執行に当たって逸脱がないように規則が入念に遵守される。予算から外れないように厳しく監視される。その結果、公共サービスが「どれだけ効果を生んでいるか」ではなく、「間違いなく執行されているか」が問題視される。かくして「お役所仕事」の土壌が形成される。その土壌で、意見を闘わせ、現状を改革し、新しいことに挑戦するには、余程の覚悟が必要だろう。

しかし、公共サービスとて永久不変ではない。サービスを選択する市民の価値観も多様化する。そこで先見的価値観を持ってしまった人、旧態作業の繰り返しに矛盾を感じてしまった人が悪戦苦闘し、生真面目な人ほど仕事の葛藤に悩む事になる。戦後初期の黒沢監督作品『生きる』が繰り返し鑑賞され論じられ、役所の仕事のやり方について討議される。その現実は、行政評価制度が始まりだした現在も大差なかろう。

その現実の表現しがたい重さ、理不尽さを知る人ほど、舞岡公園をつくりあげた人びとの苦闘と喜びが理解されよう。

二　身分について

日本国憲法九三条は「地方公共団体の議会」についての規定だが、地方公共団体の長や議員などを選挙で選ぶことを決めながら、その地方公務員にあえて「吏員」の呼称を当てている。英文は確かめてないが、日本の内務省の役人が慣例に倣って用いたに相違ない。辞書を引けば、「吏員」とは「官員」のもとで働く「身分の低い役人」を意味することが直ぐ解ろう。官は天皇が任命する役職で、吏はその下で実務・雑役につく人のことだ。

役所の仕事の当否は、仕事の内実ではなく、決定する人の身分に応じて決まってきたともいえようか。よく言われるように、上が「黒」といえば「白」も黒になる、という不条理さを併せもつ。

戦後官僚制もこの体質を色濃く引き摺る。自治体職場では、その吏員を頂点にして雇傭員制が存在した。そしてその最末端に「住民」が位置付けられていた。役所の機構は役職名にヒエラルキーが示されると共に、フィジカルな役所の呼称も、県庁、市役所、町役場など呼び分けられており、「本省」と言う言葉が象徴するように、省は中央の機構だけに許される呼称であった。

くどくど記した。身分差社会の非人間性を理解することは、その立場にない限り、心底からは無理だ。頂点が天皇で最底辺が被差別部落であった日本社会の、役所内部での縮図といってもよい。

そんな機構のなかで「平職にとどまる」ことを選択することもまた大変な事だ。ここでは、望めば出世できたのにあえて、という注釈が必要なのだろう。むろん、望んでも平職どまりの人も多数いるし、そのことこそが問題性を孕むのだが、あえて平職を選択する人も現実に何人もいる。私の知る範囲では、管理の仕事を嫌う才人や技術者に多い。本書の筆者もそのお一人と推測する。

貧乏人には金持ちには味あえない愉しみがあるように、平職には管理職に味あえない喜びがあろう。そのなかでも最高の喜び、「市民に胴上げされる」という至福の時を得た人はそう多くはないであろう。身分や権力による貢献であれば、市民は歓迎はしても胴上げはしない。人間として、技術者としての誠実さが市民にしみわたって初めて自発的に起こるハプニングだ。身分差社会を支えるのも人間であり、そのおぞましさの中で光り輝くのもまた一人の人間だということを、雄弁に物語る。

三　公園についての断章

田園風景だけでなく体験までを取りこんだ舞岡公園が出来たことは凄い。気軽に自然にその公園に親しめる人が羨ましい。私は公園の専門家でもないので、舞岡のユニークさを紹介分析するには荷が重い。そこで、個人の生活でふれる公園の実際についてふれながら、なにがしか考えをまとめたい。

私は、東京世田谷区の駒沢・深沢地区に借家住まいをして半世紀になる。近所に駒沢公園がある。昭和二〇年代、旧海軍練兵場跡地は荒涼たる丘陵状をなしていた。草木一本もない空間に段丘が向かい合って入り組みながら複雑に配置され、いつも砂塵が舞い上がっていた。子どもたちは、その急傾斜を、大人用自転車に三角乗りをして滑り降りた。使用についてのルールは一切ない。一角に、いまでいえば、難民テントのような簡易住宅がかたまっており、友人何人かの家であった。野球場ができなにやかやと大人たちが言いはじめるが、それまで、埃と汗と怪我だらけの子どもたちの自由の地であった。

その場所に突然大規模な工事が始まったのは、オリンピックの誘致に向けて動きが加速されてからだ。体育施設が作られ、小さな木が植えられ、各所にベンチが置かれ、砂場も造られた。地上からなだらかな傾斜で登れるように設計されたと思われる体育館の屋根にはすぐ柵が設けられた。平らに均された地に建つ五重塔づくりの展望塔の階段には鍵がかけられた。大きな広場でもボール遊びは禁止された。公園に慣れない市民は、ベンチを壊し、照明を割り、トイレを汚し、あまつさえ、砂場の砂を家に持ち帰る始末であった。日中でも、散策者は多くはなく、夜ともなれば不気味に静まり返った。

そんな公園が、日常的に家族連れの歓声がこだまする様になったのを体験し、実感したのは十年以上もたってからであろうか。木々も大きくなり、空間に和らぎが生まれ、子育ての場として欠かせない存在となった。休みに家族で草の上の食事を楽しんだり、一日何時間の日光浴という育児書の命令に従っての子どもの外気浴など、公園が毎日の生活のなかにしっかりと入りだした。子どもが小さいと、放し飼いの犬の散歩が気になり、「この公園では犬の紐を離さないでください」などというアナウンスや、「危険！ボール遊び禁止」などという立看板に安心したりするようになった。

さらに二十年たって、公園のありがたさ骨身にしみる事態を迎えた。脳梗塞で倒れ、公園向かい側の国立病院（旧海軍病院）に救急車で運ばれた。入院中から「とにかく歩くこと」を義務づけられた。早朝、一時間以上かけて公園の周回コースを二廻りする生活が始まったのだ。ジョギングではない。ただ歩くのだ。公園に出かけてみると、そんなただ歩く人が方々からやってきている。フォームはばらばらだが、散歩のようなゆとりはなく、前を見据えて、ただ歩く。異様である。この公園が設計されたとき、周回コースはサイクリング用であった。当時、何年か後に、健康保持を理由にただひたすら歩く人が公園に溢れているとは、誰も予想しなかったであろう。公園の木々は森と形容するにふさわしいほどたわわになり、ケヤキ・ヒマラヤスギをはじめ多種類の樹木が、ゾーンごとに植え分けられている。人びとの空間利用形態が変わっても、その人びとを包み込む樹林は表情をかえずに佇んでいる。

この公園はどんな人が設計したのだろうか。今の人たちの多くが神宮の森を原生林と錯覚するように、あと百年もするとどんな表情を見せるのであろうか。設計者はそのことまで予測しているのであろうか。

二〇年ほど前、東京都の公園担当者の集まる労働組合の方に依頼され、公園の「公」の持つ両義性について話をした経験がある。公園の「公」とは、公家の「公」なのか、「公界」をつくる民衆の「公」なのか、当時の流行の言葉でしかも生半可に談じてしまった。公園の使用料をどうするか、出入りに制限を設けるか、などの論議が高まっていたときのことであったろう。いま振りかえると、言わずもがなの両義性などもちだすのでなく、公園設計者・運営者・利用者と市民参加のあり方を提示できなかったかと悔やまれる。

駒沢公園には「駒沢公園を歩く会」のような市民団体もできている。その団体と運営協議がなされているかどうか私は知らない。ただ、利用者の需要変化に応じる柔軟な運用を可能にするのは、設計段階での「ゆとり」と運営への市民参加であろう。それができていれば、公園の「公」は当然のごとく「みんなのもの」を意味する「公」になる。

さて、舞岡公園の「公」はどれだけ風雪に耐えられるであろうか。公園は、そのさまざまな機能とそれを活用する多様な人との出会いで、質が決められる。極端な話、何もないただの空間でもその地域の市民に受け入れられることによって、ただの空き地のままで最高の質の公園になりうる。舞岡は、その生命線である多様な市民の支えを受け入れている限り、その質が劣化することはないだろう。

里山公園と「市民の森」づくりの物語

――よこはま舞岡公園と新治での実践――

浅羽良和《あさばよしかず》

著者略歴

1940年、東京都生まれ。
1963年、千葉大学園芸学部造園学科卒業後、横浜市役所に入り、2000年退職まで一貫して公園とみどりの業務に携わる。現在、「(株)横浜みなとみらい21」勤務の傍ら、「よこはま里山研究所」(NPO)メンバーとしてみどり保全の市民活動を支える。

*

特定非営利活動法人 よこはま里山研究所～NORA～
〒232-0017 横浜市南区宿町2-40 大和ビル119
TEL045-722-9674　FAX045-722-9675

2003年 9月 30日　　初版第1刷発行

発行所　株式会社 はる書房

〒101-0065 東京都千代田区西神田1-3-14根木ビル
TEL・03-3293-8549　FAX・03-3293-8558
振替・00110-6-33327

組版／エディマン　印刷・製本／中央精版印刷
カバーデザイン・シナプス

ISBN4-89984-042-X C0036